特尚饮

8 0 款人气咖啡馆特饮

WITH DRINKS COMES LIFE

林健良 编著
陈华琛 摄影

江苏凤凰科学技术出版社

序一

那是一个圣诞节的前夕，我和父亲两人在纽约街头沿着百老汇大道一直往时代广场方向走去。说是溜达，但严寒天气让我们这两个“南方来客”几乎每隔三五分钟就得走进室内暖和一下。没有什么节日购物欲望的两父子，还真的是被这浓厚的节前气氛给感染到了。大抵就像老外到了中国过上一个红彤彤的喜庆洋溢的春节吧。于是，我们走进一家专门贩卖纸制品的店铺，店内完全是百年老店的格局，种种贺卡、明信片、面具、笔记本、信封、信纸都带着怀旧气息，毕竟对于现代都市人来说，传统节日本身也是对历史回忆的一部分。

忽然，在陈列货架与货架间我清楚地闻到一阵诱人香气，那是浓厚的肉桂与苹果汁的混合气味，暖人心扉。紧接着，我看到货架旁摆放着一张典雅的小茶几，上面放着一壶热饮和一叠杯子，原来这是店家在节日前夕免费提供给顾客自斟的特饮。我斟了两小杯，与父亲慢慢对饮，聊到他常年遍游世界各地，不分寒暑晨昏地在城市街头或荒郊野岭写生作画的创作经历，身边除了一批沉甸甸的画纸画具，就是背包里的几块饼干和一壶暖暖的茶。时空挪移，也惊觉如此简单的饮料，在这个冬日佳节氛围里竟然发挥着厉害无比的魅力。

从此之后，每逢岁末，无论在外地还是家里，肉桂热苹果汁都成为我的待客特饮。当年纽约店家的诚意款待已经成为不可磨灭的美好回忆，每一次与新朋旧友分享这段经历，都是对生活再一次示爱——爱人、爱物、爱一切值得留住的人间滋味。

生活美学家、作家

序二

这几年，餐饮业蓬勃发展，其中有一个细分的品类——特饮，几乎是从无到有地进入大众视野。它不同于普通咖啡，却又有别于传统茶饮。早餐之后，你可能需要一杯加奶盖的红茶提提神；和同事们吃完午餐，又有人提议，来一杯养乐多西柚茶，它可以帮助消化，清爽又排毒。这种令人惊喜、好生巧妙搭配的特饮，是饮品师们脑洞大开实验千百次的结果。

于是，饮品店犹如雨后春笋般在大街小巷冒了出来，常常有一两款经典爆款的特饮，清新、绚丽、高颜值又有着入口丰富的层次感，让络绎不绝的人为它而来。然而我们喝过的特饮终究屈指可数，但《特尚饮》为我们呈现了80种特饮，它能帮助你展开飞扬的想象力，把有趣的搭配方式、精彩的视觉感，甚至与食客的互动呈现出来。另外，这本书又非常具有实操性，按图索骥就能做出具有专业水准的特饮。又或者它能激发你创作出属于自己的一款特饮，色彩的变幻，口味的起伏，无不在展示此刻的心情，是温柔芬芳，还是酸涩回甘；是清凉提神，还是小酒怡情。总之，特饮完全是另一个缤纷世界，也是我们关于“吃”的点睛之笔。

这本书的摄影师陈华琛更是我多年的朋友和同事，关于记录吃吃喝喝这件事情，我特别佩服他。

丁王芸丽

美食作家、资深媒体人

《贝太厨房》前主编

序三

我是咖啡媒体人，泡咖啡馆自是习惯。在咖啡馆，向咖啡师、咖啡馆主讨经验，和朋友聊聊天，与客户谈工作……这里是我的一亩三分地！二十余年咖啡龄，给过我极致的咖啡体验，但我不能否认，“倦怠”也时而有之。曾好几度，我在餐单上犹豫半天却找不到能勾起欲望的饮品时，我会选择一杯苏打水。可见，顾客有时也需要新鲜感。

“云想衣裳花想容”，一次偶然让我遇见了这样的美。有一天我太太闲得无聊，从冰箱拿出一瓶养乐多倒在杯子里，然后加了一片柠檬和一点冰水，我喝过后，颇为“震惊”，这杯特饮酸甜度刚好，清爽畅快之余有柠檬的清香，它的品相更是惹人怜爱。她说，因为觉得养乐多口感黏稠和太甜，灵机一动，就这样做了改良。这次偶然触动了我，其实我们每个人都可以是调制特饮的“高手”！若是家里来客，给他们调制一款特别的饮品，岂不快哉！

慢时光的美，我最喜放在杯盏中品饮，更喜与人同乐。几经市场调研、翻阅市面仅有的几本饮品书，我决心要做一本适用于咖啡馆及餐饮场所，并能部分适用于家庭的特饮书。健康，必定是她的脊梁，为此，我们在物料的选择上花了大量功夫，并且尽量选择天然的食材。时尚，该是她的风骨，我们用新颖的饮品观念去设计饮品，在这些配方中你可以尝试去变换材料，做出更多的变化。好看，自然是她的傲气，饮品形态、材料颜色的搭配和装饰，哪样不能“勾引”你的食欲？本书图片中呈现的饮品状态，你完全可以做得到，它并不是为了拍照而“卖弄风骚”，而是实实在在地呈现真实。所以，我可以更有信心地说：每一杯特饮都能为你的一亩三分地添一份精致！关于书名，我们讨论了很久，最终确定以“特尚饮”去诠释，意指“特别调制的时尚饮品”，又是“特上瘾”的谐音，希望这个特别的书名能够被更多读者记住。

感谢克丽玛咖啡培训机构的李陶先生对我想法的支持，我们十多年的合作早已有默契。克丽玛团队为本书做策划，定了基本框架后，饮品研发师小云（易秀云）老师开始做配方。为了让特饮以最佳的状态呈现，期间我们不断地尝试比较、更换物料、调整比例，倾注的时间与精力不言而喻。跟专业的人合作是幸福的，小云老师是一个极有耐心、愿意接纳不同建议并且有着非常丰富饮品调制经验的人。根据本书的定位，小云老师增加了不少自制食材的内容，这也是本书一个出彩的部分。

本书另一个出彩的部分，就是图片摄影。这个要归功于我的大师兄——著名摄影师陈华琛。感谢他毫不推辞地加盟，给了这本书一份大大的底气。他不仅擅长拍摄各种时尚大片，静物摄影也是非常出色的，哪怕是一些小场景细节他都把握得非常好，正是他的细致与极致追求赋予了图片灵魂。为了迁就他的档期，哪怕机票一改再改，都是值得的。特饮图片拍摄的前一天，他刚从国外回来，一下飞机就飞奔回家拿了灯光设备，然后又马不停蹄飞往广州拍摄特饮图片。在短短的五天时间里，即便是在高强度的工作状态下，大家也配合得非常好，顺利完成了拍摄，使这本书更美、更有品位。

还要感谢知名调酒师雷英晖先生提供的极大帮助，感谢专家欧阳智安、林东源先生对本书的专业建议。感谢我的团队——咖啡沙龙的小伙伴们——吴玲、廖志武、韩浩霖，这本书从选题策划到出版跨度两年时间，是你们把书一点点完善，将它呈现给各位读者。最后，感谢江苏凤凰科学技术出版社的编辑陈艺，你的认真、细致真的打动到我，希望有机会再合作。

衷心希望各位读者能感受到我们的诚意，用一杯特饮去遇上一段惬意的时光。

咖啡沙龙

目录
CONTENTS

潮流与灵感
Trend & Inspiration

基础知识
Basis

夏日冰沙
Smoothie & Frappe

04

咖啡类特饮

Coffee Drinks

气泡类特饮

Soda Drinks

创意茶饮
Signature Tea

07

液态甜点
Liquid Dessert

思慕雪系列
Smoothie

无酒精鸡尾酒
Mocktail

01

TREN

潮流与灵感

INSPIR

世界饮品潮流与趋势——欧阳智安

特饮的创意和巧思——林东源

世界饮品潮流与趋势

——欧阳智安

国际饮品的板块划分

国际饮品可以划分为几大板块，如欧洲板块、美洲板块与亚太地区板块。这些板块的经济相对发达，带动着各行各业的发展，因此餐饮业态也越来越丰富多样，呈现的是百花齐放、精彩纷呈的景象。

亚太地区板块值得一提的是日本与韩国。日本以匠人精神著称，以优质原材料与精准调配技术相结合，一直以优雅的姿态创作不温不火的饮品，虽然饮品一如既往地好喝，但是很少有“爆款”；而韩国则是新餐食结合引领市场，不论是奶茶店、咖啡馆或是酒吧，都需要把饮品与食物高度结合才能制胜， 而且推陈出新的速度越来越快，跨界领域越来越广。

在国际上，复合型饮品成为主流，比较有代表性的就是结合甜点形式的出品，例如在咖啡里面加入提拉米苏、马卡龙等。呈现方式都是以夺人眼球为主打，花哨的视觉冲击则成为必不可少的部分。极具代表的是在咖啡或冰沙之上堆满甜甜圈、马卡龙与各式糖果和淋酱，或者在血腥玛丽上插上一片比萨。这时饮品的味道已经没那么重要，重要的是视觉效果，及饮品的照片在社交媒体平台的分享。店家正是看中了这个推广的噱头。这股疯狂的风潮源自澳大利亚，席卷欧美，在中国不同城市也相继出现。

中国饮品潮流发展回顾

1998～2003年，中国市场是一个倒入加指导的状况。台湾的奶茶在大陆非常流行，当时有叫“快可立”和“快三秒”的品牌，它们以“低价格”“大杯”的奶茶作为主体产品进入市场。但这个产品在大陆并没有那么成熟，很多都是在台湾加工，以至于当时大陆有很多饮品店都是台湾商人开的。2003年，很多大陆商人开始模仿台湾这种优势，或者通过这种经营方式进行延伸，因为店数众多，慢慢地引起了潮流。有时候不是饮品好喝而形成潮流，而是很多人在喝，且一直有人提起，才变成一种更多人都接受的饮品。

后来的十年，相继出现了如茶风暴、街客、快乐柠檬、Coco这几个茶饮品牌，在这个期间，虽然咖啡品牌、鸡尾酒品牌等也开始发展，但是远远不及这些茶饮品牌火爆。市面上大量网红款就是从这些茶饮品牌延伸而来的，当时甚至还没有“星巴克引领潮流”的说法，星巴克只代表了其中意式设备美式咖啡文化的一部分。

2013～2015年，已经进入成熟期。因为竞争激烈，所以市场转变的速度非常快，行业从高增长的步伐转变成正常、稳定的增长步伐，从以前的十家到现在的五家、三家，整体增长速度稳定下来。现在增长率维持在10%，而以前是100%。这个时候就出现了类似贡茶、喜茶、813这种个性化的茶饮连锁店，它们必须要更贴近市场。我们可以用网红、小资来形容它们，甚至可以用更有生活品质的体验来形容。

2016～2017年是强化、成熟的阶段，呈现为复合型升级。如今的网红茶饮店——“喜茶”就处于这个阶段。现在喜茶不只是卖大杯的鲜果茶，连面包、蛋糕顾客都要排队抢着买，这种搭配就跟台湾当地的茶饮店区别开来了。台湾当地的是一个杯子里什么东西都有，而喜茶是分开的。而且以前的数据是通过店面进行传输，现在的数据则通过大数据平台，也就是点单方式来改变，进而收集客户的信息来精准销售，以实现客户的精准需求，然后变成更加现代化的快饮店经营方式。整个过程里，可以得到客户更多精准的诉求，因此有更多的“爆款”出现。像“满杯红柚”这样年轻化又吸引眼球，有健康概念且有时尚色彩元素的饮品，都会是未来茶饮店经营的主要方向。

饮品分类

饮品可分为含酒精类别和无酒精类别，或是按照出品温度归类分为冷饮与热饮。夏日温度高，冷饮为主打；寒冷的时候，热饮会比较受欢迎。如在海岛地区很少热饮，水果类的冰饮一年四季都流行；而在北方，因为冬天较长，就需要有更多的热饮选择。饮品类型细分可以是否含有奶制品或是否含汽来区分。

饮品单设计需从不同方向的饮品分类进行考量，如目标人群、季节性、节日促销、餐食搭配等，以便实现精准销售。

饮品潮流关键词

味觉：

过去我们喝的饮品只有酸、甜、苦、辣，但现在还有咸味与鲜味……“鲜”将会是2018年饮品潮流关键字，例如可以把鸡汤和牛肉汤搭配起来加入饮品中，也可以把菌菇类与咖啡结合，如香菇磨粉加入咖啡等。进阶形式是鲜与咸的结合，会巧妙运用如蜗牛、虾、鱼、海带等材料，经过巧妙加工提取作为饮品中的调味剂，令饮品的味道更丰富。

视觉：

因为小众又神秘，黑色饮品悄然兴

起，不仅挑战人们的视觉，还挑战胆量。无论是酒吧还是咖啡店，一杯“黑色主打”都会吸引到一群勇敢的美食家。制作黑色饮品的材料有墨鱼汁、黑芝麻和黑糖等。

2018年，潘通流行色是紫色（2017年是绿色），所以薰衣草也会是潮流，薰衣草拿铁或紫薯冰沙或许会“大热”。

装饰：

食用鲜花将会继续被大量使用于饮品装饰，除了常用的三色堇外，更多的品种已培育出来，西餐常用的菜苗也将更多运用到饮品装饰上。

饮品研发师的课题

中国的食材很丰富，有许多健康有益的食材，如生姜、红枣、薏苡仁和枸杞子等，如何巧妙将其应用到饮品中，将会是下一个课题。饮品研发师需要更深入考究食材的特点、功能与相宜搭配，打造出更多优质饮品。

如何快速提升研发能力？

创意源自生活，好好感受生活，会带来许多灵感，也能打动人。例如现代人工作繁忙，压力巨大，一杯什么样的饮品可以让人们放松？什么样的食材、口感、呈现方式和饮品名字可以让人联想到海洋、沙滩或者森林这些令人轻松愉悦的场景？类似这样的问题都是需要结合生活来思考的。

提高审美能力。我们可以通过大量阅读来实现知识的叠加，同时也可以提高审美能力。关注一些国际著名的调酒师、咖啡师、甜点师、食物装饰师的书籍、社交媒体账号等，可以获取相关最新资讯。同时注意观察他们书籍作品的图片或者社交媒体账号发布的图片，都可以提高审美能力。

饮品的未来趋势

从餐饮角度来看，现在越来越多的人会依赖大数据做精准销售。了解当下有什么样的趋势，从而精准地实现顾客需求才是最重要的。未来，对于大数据的运用，将会是我们的重要工具。在饮品方面，我们会考虑更快速的出品和更合理的成本。门店不一样，受众就不一样，我们不再仅仅是为了做一杯低成本的盈利饮品而简单地做。

当人们开始有消费需求的时候，就不只是因为便宜才购买，而是因为适合，这也是消费者观念的转变。以前是需求，现在是要求，消费者既然已付费，那他就会想得到自己想要的。

口感和创新将会是下一个受关注的话题，包括视觉美观，跨界的取材和分享，如真功夫换了新Logo、炸鸡店推出带酒精饮品等。所以，改旧换新应该随着消费者的口味来进行。

创新、营销、体验、服务、产品品质，这将是消费者最关注的五个词。除了与食品行业的跨界，更应尝试不同行业的跨界，比如“餐饮+互联网”“餐厅+好的创意想法”。例如目前火爆的手游“王者荣耀”，我们可以根据“王者荣耀”研发一款符合主题的饮品，利用它的流量数据来推动饮品的发展。在营销方面，现在的明星已经不局限于荧幕明星了，像“网红”“大V”“大号”，他们并不一定懂饮品，但他们却有一定的号召力，哪怕突然冒出一款“青蛙奶茶”，都有可能成为当下爆红的话题，正如“脏脏包”搭配“脏脏饮品”。

另外，作为从业人员，我们需要更多地关注消费者。希望消费者的生活节奏可以慢下来。消费者自己也会渴望在快节奏的生活中慢下来，享用一杯属于自己的饮品或者享受属于自己的空间。所以，未来也会出现更多属于第三空间的饮品店，让消费者更加关注自我，了解如何去改变自己的生活方式。

很多时候，我们从业者也需要关注自我。你会发现更多有趣的事物，发现饮品世界真的有非常多的欢乐。

最后祝愿大家早日成为咖啡师中最懂得调酒文化的、调酒师中咖啡知识最丰富的……饮品界的“斜杠青年”。

欧阳智安

莫林经销商渠道总监，Ten Cafe 合伙人，2017DMBA创始人，《鸡尾酒赏味之旅》作者，两个孩子的父亲。

特饮的创意和巧思

——林东源

特饮之我见

对于我来讲，特饮不属于一般常见的、单纯的咖啡或茶饮品。如果我们要给它下一个定义，它往往是跳脱出基本的组合方式，这些组合方式的变化就属于特饮。

特饮在餐饮空间与咖啡馆的地位属性

从餐饮空间的角度来看，一个餐饮空间不会只有一种饮品。一类强调自己专业性的咖啡馆，会研发基础饮品，而不会研发太多特饮。另外一类在组合方式上比较有想法或顾客群体比较广泛的咖啡馆，会有一些更具创意、想法的咖啡创作，去吸引更多的消费群体。

对于餐饮空间来说，这是必需的。如果餐饮空间的产品没有包含这部分，对于消费者来说就没有太多的吸引力，你的产品就会被认定为一般常见的饮品。而强调专业性的咖啡馆，如果只卖纯咖啡，也就代表限制了自己的消费群体。

特饮是一条重要的产品线，对于餐饮空间和咖啡馆来说都是必需的。常常遇到的情况是，一群顾客来到一间咖啡馆，而这群顾客里面总会有人不习惯喝咖啡类饮品。当拥有不同变化形式的饮品，你的咖啡馆才能满足所有顾客的需求，否则咖啡馆就变得有“门槛”，那顾客下次就不会来了，因为他没有找到想要的那杯饮品。而关于特饮与其他饮品的比例，其实几款就足够了，因为选择太多，顾客反而不会觉得特别。我们从另外的角度——备料来讲，一杯特饮所需要的材料会比较多，制作也会比较复杂。如果一家店有很多这样的产品，会大大增加现场操作人员的制作难度，且备料的新鲜度也是一大问题。

在餐饮空间，很多人为了餐而来，引入特饮是为了增加部分营业收入。另外这些特饮可以与餐点搭配，组成一个套餐，除了增加营业收入之外，还能使顾客在餐饮的感官体验上有更多元的变化。

成功的特饮

一款成功的特饮，首要一点是大部分人都喜欢。很多饮品制作者会说他用了很特别的材料、很复杂的方式，可是大部分消费者不买单、不认可。我不认为那是成功的饮品。成功的特饮意味着不管是口味还是呈现的方式，都会被大部分人认同与喜爱。一款成功的特饮，并非要做得很复杂，比如柠檬红茶，在茶里面加入柠檬，再加蜂蜜或者特别的糖。虽然只是一个很简单的组合，但大家都很喜欢，就会掀起一股热潮。我们可以从鸡尾酒的角度来看，每个酒吧都会有几款鸡尾酒，其实那都是很简单、很基础的。一款成功的鸡尾酒，其实就要具有可复制性和传播性，成功的特饮也一样。

饮品创作需要遵从的原理和常识

很多时候，创作来自于生活中的累积，我们在创作一款新的饮品时，脑海里要有足够的信息量，要能够回忆起食材的风味。这个回忆很重要，我们不可能单纯回忆某个食材的味道和香气，还要回忆在生活中吃到的食材、喝到的饮品。要让一个人凭空创作，其实难度非常大，因为我们脑海里没有对这些食材不同的处理手法的信息。例如番薯，是用蒸的、烤的，还是用煮的，甚至是用炸的，表现出来的风味都不一样。所以同一个食材用不同的处理方式，风味都会产生变化。当我们吃番薯时，可以烤好了直接吃，也可以加奶酪、香菜等东西吃。吃的时候，我们就会产生记忆，原来番薯可以跟这些东西搭配，下次我们在创作的时候，这些食材就会成为参考对象。

有人问我，为什么可以创作这么多特饮，我会跟他们说："多吃，多喝，多记忆。"平时多去记忆不同的食材搭配，创作的时候就会很快有思路。而当我们遇到没有吃过的食材，则可以与其他吃过的具有相同属性的食材相关联，我们可以把这个角度作为思考方向，从而得出更容易创作的方法。

特饮的投入与研发

特饮的投入与研发其实是很多店都缺乏的，很多店的水吧员兼任咖啡师。可是实际上，他们并没有全面地充实自己，以致在研发新饮品的时候不知道该从哪里着手、该找什么素材。就算一些店有所谓的研发人员，因为他们平时没有太多积累，所以创作方式与效率可能会落后。

还有一些厂商会提供一些饮品的配方，但可能因为制作顺序或比例稍有不同，最后的成品就会天差地别。所以研发者的能力一定要从日常生活当中去培养，培养自己对味觉的敏锐度、不同食材的比例分配。

如何积累或激发创意灵感

要积累或者激发创意灵感，要多吃，多喝，多学习。不能只学饮品，还要学习餐饮行业的其他方面，如烘焙、烹饪等，这样我们才能把不同的能力综合到一起，运用到创作上。如果只学咖啡，那我们就只会做这一件事情，怎么会有新的变化呢？所以要先打破条条框框，学习更多技能，逐渐地，我们也就有了更多的积累和记忆。

从有创意和灵感到最后成品，是怎样的过程

就像当初我参加中国台湾咖啡师比赛的那杯“啡你莫薯”，会很自然地想到一个代表中国台湾的食材——番薯，之后也是通过这个角度来切入。切入之后，我又觉得应该要用一些不同领域的手法来呈现我的创意咖啡。因为那时想打破大家的思维，不想以常用的水果、茶饮的变化去做创意咖啡，所以我找了很多番薯，尝试了哪些品种、烹饪方式跟咖啡比较搭。做成一杯饮品，我认为纤维感要比较少，这样喝起来会顺滑一些，所以我选择了蒸。蒸的时候纤维会软化，再把一些打成泥，就不会有纤维的状态出现；把另外一些番薯切成片状，撒上红糖，烤成焦糖片用作装饰；还有一些切碎的部分加上红糖、奶油打成番薯泥，用分层的方式呈现出来。这种方式制作出来的饮品会有一种饱腹感且口感偏腻，而浓缩咖啡刚好可以平衡这种感觉。

最后我们把番薯泥放在最底层，把浓缩咖啡放中间，这样增加更多的清爽度和咖啡与番薯的融合度；然后使用冷奶泡铺在最上层，再将干燥后的番薯片剪成丝撒在上面，放上咖啡豆。同时考虑到现场运营和背后的准备工序，它的出品速度其实是很快的。我会先把番薯蒸熟，将其打成泥。这些前期的准备工作做好之后，现场出品的速度和普通饮品相比并不会有太大差别。

所以我们在思考制作一款特饮的时候，它或许会有一定的复杂性，但同时也要让它出杯的速度够快。很多餐厅厨师会先把某些菜式做到半成品的状态，当顾客点单后再去完成最后的出品，我们应该用这样的角度去思考饮品出杯。

另外，做一杯特饮，需要不断吸收，不断学习，关注一些想法和理念，在做特饮的时候，一定要加上自己的想法。一杯特饮呈现出的概念就能像一个Logo一样，会包含很多内涵。因此我才会说，一杯饮品不要只把它当成是一杯饮品，如果给它灌入更多的想法和专业思维，它就会是一个有灵魂的产品，它会让饮用者感受到好喝背后的意义。

上述是把咖啡当作基本素材，我们也可以用其他材料去创造这样的体验，这个时候还是要回到基本功：我们有没有去积累这样的思维方法。只有多方面的学习和积累，才能把特饮表现得更好。

林东源

创办GABEE.专业意式咖啡馆，荣获第一届中国台湾咖啡大师比赛冠军。多次担任国内外专业评审，担任比赛选手教练，担任多家餐饮学院、职训中心与教育中心的讲师，不断致力推广专业咖啡文化。

02

BASI

基础知识

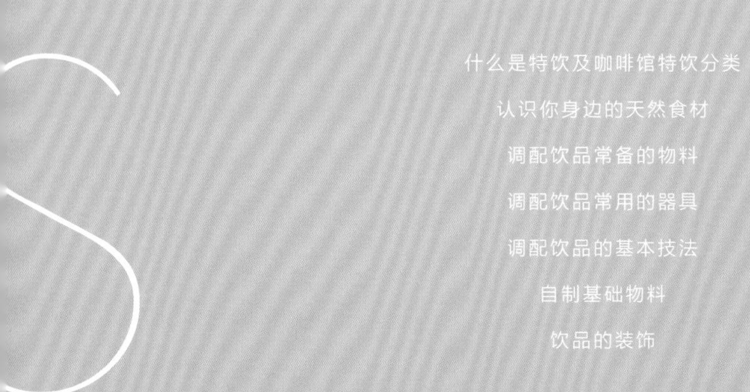

什么是特饮及咖啡馆特饮分类

认识你身边的天然食材

调配饮品常备的物料

调配饮品常用的器具

调配饮品的基本技法

自制基础物料

饮品的装饰

什么是特饮及咖啡馆特饮分类

什么是特饮

在上一个篇章，欧阳老师和东源老师很详细地介绍了关于饮品的定义和潮流趋势，笔者根据本书的定位，总结一下什么是“特饮”。

特饮，指的是特别调制的饮品。本书的特饮指的是针对咖啡店、餐饮店、饮品店及家庭用户的需求——健康、时尚、好看而推出的特别调制饮品，并非指特殊功能饮料（如运动饮料、功能性饮料）。

1. 特饮不是单一材料的饮料。
2. 特饮具有易复制性。
3. 特饮体现的是复合价值。

咖啡馆特饮分类

饮品分类多种多样，可以分为冷的、热的，有奶的、没奶的，有气泡的、没气泡的，也可以通过意境主题分“春、夏、秋、冬”等。本书依照咖啡馆特性，从基础原料、饮品形态、经典再造等角度分成以下七大类。

基础原料：咖啡类特饮、气泡类特饮、创意茶饮
饮品形态：夏日冰沙、液态甜点、思慕雪系列
经典再造：无酒精鸡尾酒

认识你身边的天然食材

蔬果

自带香气的水果

橙子、柠檬、百香果等水果香气浓烈，果汁酸甜，常用来调节饮品的酸甜度，还可以防止蔬果汁氧化变色。

出汁率高的水果

橙子、梨、椰子、哈密瓜、西瓜等水果出汁率高，还可以为饮品提供甜味。

容易氧化的水果

香蕉、梨、苹果等容易氧化的水果，可以作为辅料搭配调味。含有这类水果的饮品要尽快喝掉。

适合做主角的水果

芒果、番石榴、水蜜桃等水果气味芳香，颜色艳丽，很适合做主料。其奶油一样的质感也很适合做醇厚的思慕雪、冰沙等饮品。

富含花青素的水果

葡萄、猕猴桃、蓝莓、草莓等水果富含花青素，可作为天然色素为饮品增添色彩。

1 **三华李**

三华李是广东地区的特产水果，果皮紫红色，个大肉厚，果肉爽脆，酸甜适中，含有蛋白质、胡萝卜素等营养成分。

2 **香瓜**

香瓜营养丰富，水分充沛，可消暑清热，补充人体所需的营养素。

3 西瓜

美味多汁、清凉解渴的西瓜，是夏季最好的消暑水果。成熟的西瓜含有大量的水分，果肉的含糖量为5%~12%，大多为容易吸收的葡萄糖、果糖和蔗糖。

4 哈密瓜

哈密瓜味甜，果实大，以哈密所产最为著名，故称为哈密瓜。

5 香水菠萝

香水菠萝是菠萝的其中一个品种，果肉甜酸适中，有淡雅迷人的香水味。含有丰富的柠檬酸和菠萝蛋白酶，可促进胃液分泌，帮助消化。

6 椰子

椰子肉色白如玉，芳香滑脆，椰汁清凉甘甜。清甜的椰汁可作为思慕雪的液体食材综合其他蔬果的味道，还可减少糖的使用。

7 葡萄柚（西柚）

葡萄柚果皮红黄色，皮薄光滑，果肉粉红至红色，柔软多汁，味道酸中带苦。

8 柳橙（橙子）

柳橙含丰富的维生素C，而且果肉出汁率高达45%左右，果皮含有丰富的精油，是天然的芳香剂。

9 青金橘（小青橘）

青金橘果形圆而小，果肉酸微甜，果皮无苦味，现已成为饮品调味常用的水果。

10 泰国青柠

泰国青柠是东南亚的柑橘类植物，果实外皮隐含柑橘香和清香。青柠含有大量维生素C和柠檬酸，常用作烹饪或饮品调味。

11 柠檬

柠檬含有大量维生素C和柠檬酸，香气清新，常用来烹饪或饮品调味。

12 青苹果

青苹果酸度一般比较高，果皮光滑翠绿，果肉清脆。

13 红苹果

完全成熟的红苹果气味芬芳，果肉脆甜带微酸，含有丰富的微量元素及维生素C。

14 牛油果

牛油果的营养成分很高，与一般水果不同，它含糖量不到1%，所以没有甜味，成熟以后的牛油果像奶油的质感，又带有一点坚果味。油脂的厚重令饮品喝起来比较容易产生饱腹感，颜色是清新的绿色，适合和清爽多汁的水果搭配。

15 百香果

百香果是原产于热带美洲的芳香水果，百香果独特的酸甜口感，让爱酸的的人欲罢不能。果肉含有17种氨基酸及多种维生素、微量元素，可促进食欲，帮助恢复体力，生津止渴。

16 芒果

芒果营养丰富，主要成分为果糖、葡萄糖等碳水化合物，容易吸收消化。芒果果肉含有丰富的维生素C、胡萝卜素。需要注意的是，芒果的汁液接触到皮肤容易引起过敏。

17 布冧

布冧果皮深紫色，果肉柔软多汁，甜度高，可以做成果酱、糖渍品。糖渍以后，果皮的花青素会溶解在糖水中，颜色是漂亮的紫红色。

18 番石榴

番石榴含有大量的维生素C，同时又富含膳食纤维，果肉香甜柔滑。番石榴果肉加水可以榨成果汁，还可以做成果酱、果干等。

19 水蜜桃

水蜜桃的表皮是毛茸茸的，果肉柔软多汁且甜美。粉色的果皮含有花青素，若放太久，果肉会变软，并散发出甜香，不耐储存，具有季节性。

20 樱桃

樱桃外表色泽鲜艳、晶莹美丽，味甘，可入药，可美容养颜。

21 荔枝

荔枝果肉含有丰富的维生素C、葡萄糖、氨基酸，但是荔枝吃多了会上火。不容易保鲜的荔枝除了做成荔枝罐头以外，还可以在调制饮品前把剥好的荔枝果肉速冻起来，保留新鲜荔枝独有的香甜感。

22 黑提葡萄（无籽）

黑提葡萄皮厚肉脆，果皮呈蓝黑色，光亮如漆，味酸甜，富含花青素。

23 青提葡萄（无籽）

黄绿色果粒，果肉透明，完全成熟后有特殊的玫瑰香气，耐储存。

24 蓝莓

蓝莓表皮富含花青素，是天然的抗氧化物，对于夏季敏感燥热的皮肤有极佳的舒缓作用，很适合做果酱和糖浆。可以冷冻保存。

25 香蕉

完全成熟的香蕉果肉绵密，又香又甜，在思慕雪里使用香蕉，甜香的口感可以盖住很多蔬菜不那么讨喜的味道，同时可以使蔬果汁有奶昔一般顺滑的口感。

26 草莓

娇艳欲滴的草莓是很多人喜爱的水果，不仅外表吸引人，吃起来也是风味十足，鲜红的颜色和可爱的形状，装饰性十足。

草莓果肉细腻，甜美多汁，养分很容易被人体消化吸收，因此欧洲人将草莓称之为“水果皇后”。

27 圣女果

圣女果属于小果番茄，皮薄果肉厚，水分多，甜度高，果皮富有弹性，耐储存。

28 番茄

番茄被称为“神奇的菜中之果”，兼具蔬菜和水果的双重身份，经过烹饪的番茄会损失维生素C，但番茄红素和其他的抗氧化物会显著提高，生食可以保留维生素C。

29 番薯

原产于热带美洲的番薯含有丰富的淀粉，是属于秋冬的快乐食物。蒸熟以后加在思慕雪里面，甜香绵滑，令思慕雪有奶昔一般顺滑的口感。

30 南瓜

南瓜的营养丰富，果肉中饱含糖类及淀粉，吃起来又香又甜，此外维生素、胡萝卜素以及矿物质含量都很丰富，因此被称为“金色的蔬菜”。

31 青瓜（黄瓜）

青瓜鲜脆、多汁、清新，可用于做菜、调制饮品等。比较特别的是青瓜榨成汁后有类似甜瓜的香气。

32 菠菜

菠菜的绿叶含有钾、铁等矿物质以及草酸，建议制作思慕雪前用开水焯一下去掉草酸，最好选用小叶小棵的菠菜。

33 生菜

生菜营养丰富，含有丰富的膳食纤维和微量元素，味道脆甜。初次制作蔬果思慕雪时，建议使用这类菜味不重的蔬菜。

34 芦笋

鲜嫩的芦笋笋尖味道很清新，微微的甜，而它的主茎又十分爽脆，嚼起来会有轻轻的脆响。将芦笋加到思慕雪里，口感非常好。

干货

1 **无花果干**

新鲜无花果含水量高达80%，十分脆弱，所以容易腐坏，通常是干燥后保存。新鲜的无花果口感软糯清甜，很适合拿来做冰沙、思慕雪。干燥的无花果非常甜，可以做成糖浆，和咖啡、茶搭配都是非常好喝的。

2 **燕麦粉**

燕麦粉不含胆固醇，带有全谷物类的少量脂肪，富含可溶性纤维，可控制血糖，降低血胆固醇。

3 **干桂花**

干桂花是由新鲜桂花干燥而成的。新鲜桂花或干桂花均可糖渍、蜜渍、盐渍保存。桂花茶，是中国的主要茶类之一，将桂花直接泡来喝，香味馥郁持久，汤色明亮。

4 **生腰果**

生腰果含有丰富的维生素A与维生素B_1，有补充体力、消除疲劳的效果。

5　熟腰果

熟腰果含有较高的热量，最常见的是作为坚果类零食或做菜。

6　椰枣

椰枣是沙漠棕榈植物椰枣树的果实，味道非常甜，可作为甜味剂加在思慕雪中或做成糖浆。

7　奇亚籽

奇亚籽是鼠尾草的种子，原产于墨西哥和危地马拉，富含膳食纤维、钙、蛋白质等营养成分。接触到水之后会形成类似果冻的质地，可有效增强饱腹感。可添加到冷、热饮品中。

香料

1 香草荚

香草荚是世界上最流行的调味料之一，香草荚的特点是香气浓郁、持久，具有层次感，常用来给巧克力调味。印度尼西亚和马达加斯加是全球香草荚生产国，香草荚必须精心照料，手工授粉，处理荚果需要大量人力，栽种地区少，产量低，因此售价十分昂贵。

2 肉桂

肉桂有两大类别，一类是斯里兰卡肉桂，颜色浅褐，质地一般很酥脆，卷成单层肉桂棒，气味香甜、清淡细致；另一类是东南亚或中国肉桂（桂皮），这种肉桂又厚又硬，卷成两层，颜色比较深，风味强烈。

3 罗勒叶

罗勒叶用途广泛，香气宜人，一直深受大家的喜爱，中餐常用来炒螺，西式的酱料里也有加上大蒜、松子、橄榄油做成绿油油的青酱拿来蘸面包吃，也可以和水果搭配做成甜香的饮料。

4　薄荷叶

薄荷叶味道清凉，可以改善咽喉肿痛，也常用于制作料理或甜点，以去除腥味等。

5　迷迭香

迷迭香外形像松针，散发出浓烈的木质香、松香等复合式香气，一般用在烤肉里面做调料，也可以用来做糖浆调味。

6　生姜

生姜的独特辣味是由挥发性的姜辣素、姜油酮等物质组成，这些物质可以扩张血管，促进血液循环，提高体温等，因此生姜除了具有食用价值，还具有药用价值。

调配饮品常备的物料

水

饮品具有一定的风味和口感，而且强调色、香、味。水作为饮品的主要原料之一，需要经过过滤、软化处理达到直接饮用标准才可以调制饮品。

冰

冰块是冰饮中最常见的配料，拥有高质量的冰块对于一家饮品店来说至关重要。

无论是使用制冰机还是手工制作冰块，一定要确保你用的水是经过过滤去除了氯和其他味道的。

制作饮品常见的冰块类型

方冰　最常见，成本低、通常大小在10～25ml见方。

圆冰（子弹冰）　硬度是方冰的数倍，融化较慢。

碎冰（矿形冰）　如果把方冰弄碎的话，就有了碎冰。当然也有专门生产碎冰的矿形制冰机。

风味冰块　用果汁制成的冰块，非常漂亮，在融化的过程中会散发香味，还可以在其中嵌入果粒或食用花瓣。本书在自制基础物料篇章中（P61）有详细介绍。

用冰注意事项

不要重复使用冰块，不管是在玻璃杯或是雪克壶中，你都要使用新鲜的冰块，否则饮品会过分稀释，或是混入之前的饮品味道，或是做出来的饮品不够冰冷。

不要使用“湿润”的或者融化了一半的冰块。

不要用手抓冰块，要用冰铲或者冰夹。不要用玻璃杯去舀冰块，否则玻璃杯会在冰块中碎掉。

在制作任何一款冰饮（需要用冰制作的）时，请务必使用冷、干、冻结的冰块。

气泡水

气泡水常用于调制饮品，因为很多人喜欢带气的饮品。它能散热消暑、促进血液循环。

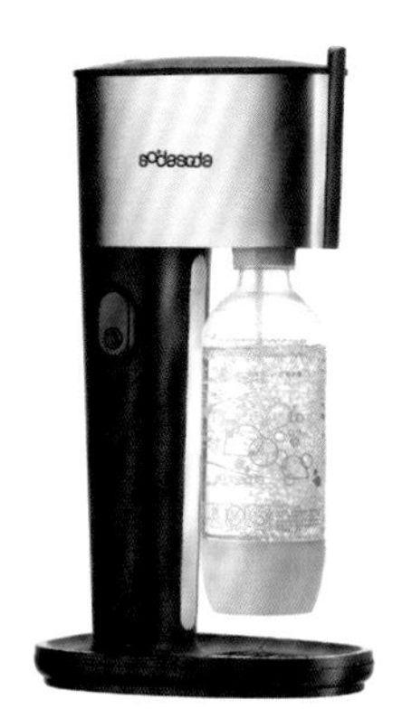
气泡水机

气泡水机自制气泡水

欧美国家以及部分亚洲地区早已流行在家自制气泡水，以更低的价格取代市面上昂贵的气泡水。用气泡水机制作气泡水，就是在水中加入食品级二氧化碳，形成丰富的气泡与清新的口感，而且现做现喝，方便饮品店批量使用，并且成本更低。

罐装苏打水

市售罐装苏打水

工业生产的苏打水，因采购方便，在气泡水机出现前应用很广泛。

天然气泡水

气泡水，就是二氧化碳气体溶入水中所形成的水溶液。在欧洲，早期被冰封的二氧化碳存在于万年不溶的冰河底部。随着气候变化，偶尔溶解的冰水夹带着二氧化碳冒出地表，形成富含碳酸气体的气泡矿泉水。

天然气泡水

气泡水（自制） Sparkling Water	苏打水 Soda Water	气泡水（天然） Sparkling Water
成分：水+二氧化碳	成分：水+二氧化碳+碳酸氢钠（小苏打）等	成分：在自然环境下通过气体完成水与二氧化碳碳酸作用过程，一般含有钠元素等矿物质
现做现喝	瓶/罐装贮存	瓶装贮存
成本较低	成本稍高	成本高
日常饮料，鸡尾酒	日常饮料，鸡尾酒	一般单独喝

糖类

糖作为饮品的辅助食材，能给饮品增加甜味，可选含有天然糖分的蜂蜜、枫糖或无花果干、椰枣等果干，还可选调配过的风味糖浆、果泥、果酱等食材。不同的甜度和质感，可以给饮品带来不一样的甜度和风味。

蜂蜜

蜂蜜的主要原料是花蜜。

龙舌兰糖浆

龙舌兰糖浆从龙舌兰植物中萃取提炼而成，甜度比白砂糖高，味道清雅，能快速溶于冷水。

枫糖浆

加拿大糖枫树的树汁含糖量极高，可熬制成枫糖浆。这种枫糖浆香甜如蜜，风味独特，富含矿物质。

益生糖

采用国际最新生物提取技术精制而成的专利产品，甜味柔和清爽，饮后不泛酸，富含人体所需的活性益生元，糖尿病患者亦可适量食用。

风味糖浆

风味糖浆可以帮助我们在调制饮品时实现天马行空的创意风味。不同风味的糖浆，甜度会略有不同，如坚果类风味糖浆的甜度是70%，水果类风味糖浆甜度是50%。使用糖浆最重要的是风味纯正，能还原花香、草本、坚果、蔬果等真实原味，除此之外需要注意的是甜酸平衡，风味搭配相宜。可以尝试不同类型的糖浆，从而找到最理想的风味，以呈现饮品的最佳层次。

冰沙粉

冰沙粉是一种风味调味粉，其主要成分有白砂糖、葡萄糖、混合脱脂奶粉、果糖、麦芽糊精、果汁粉、黄原胶、食用香精等。因为冰沙粉含有黄原胶的成分，易溶于冷水和热水，所以用在含有果汁和乳制品的食材中可以防止油水分离。充分搅拌后的冰沙尝起来口感绵软柔滑。可根据自己的需求选择是否添加。

速冻水果

速冻水果需要比较大型的制冷设备，才能迅速将水果中心温度降低至－18℃时冻结。快速冻结水果的优点是最大限度地保持水果原有的营养价值和色、香、味。还有将水果迅速降低到微生物生长活动温度之下，有利于抑制微生物的生长。最大的优点是我们在选取水果时无需担心反季买不到需要的水果。

需要注意的是，要根据实际需求决定是否解冻，需要解冻的产品不要解冻太长时间，以免营养物质随水分流失。

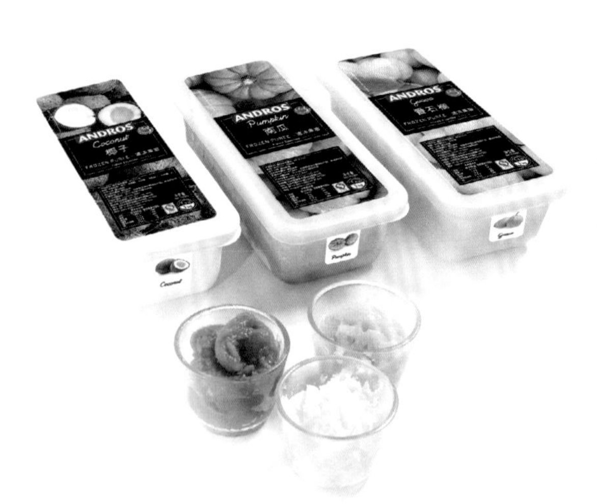

速冻果蓉

速冻果蓉的主要工艺和速冻水果相同，果蓉即把水果打成果蓉状，一方面口感更细腻，另一方面更有利于水果风味的释放，而且果蓉含有10%的糖分，可以直接添加到饮品中，使用起来更方便。而冷冻水果则是原粒呈现，还可以用于装饰。

水果颗粒果酱

水果颗粒果酱中的水果含量最高达53%，内含大块水果颗粒，可以常温保存，自立袋包装，方便携带。产品开封后需要冷藏保存，尽量在2周内用完。水果颗粒果酱既可作为饮料配料，用于制作冰沙、奶昔、气泡水等，又可作为甜品顶料使用。

果泥

采摘完全成熟的水果，采用巴氏消毒工艺制成的果泥中，水果含量为50%，糖分为50%。果泥可以常温保存，开封后需冷藏保存，2周内用完。果泥可以用在冰沙、气泡水、奶昔、鸡尾酒等饮品中，质感比糖浆浓，不通透。

牛奶

常温奶，又称保久乳。牛奶通过超高温灭菌工艺加热到132℃以上，该工艺可保证产品在常温下储存长达7个月以上。

相对常温奶来说，冷藏牛奶则是以较低温度（68～131℃）进行灭菌，且需通过低温保存和冷链运输，从而最大限度地保留牛奶本身色、香、味的高品质。因为该类型产品对风味品质的要求往往较高，所以保存期限通常设定在1～2周。冷藏牛奶可细分为传统巴氏杀菌乳和新式灭菌工艺的冷藏牛奶。

备注：巴氏灭菌乳参照GB19645-2010，灭菌乳参照GB25190-2010，冷藏牛奶采用企业标准申请规范。

咖啡

咖啡是风味最复杂的饮品，风味包含酸、甜、苦、咸。建议选用稳定性高的优质烘焙咖啡豆，直接用咖啡机萃取。

茶

茶饮因含有天然茶多酚、咖啡因等有效成分而具有独特的风味，更因其保健功能而备受大家喜爱。从传统泡茶、速溶茶到现在的花式调配茶，各大茶类都是清凉解渴的多功能饮品。

茶叶（中国茶）

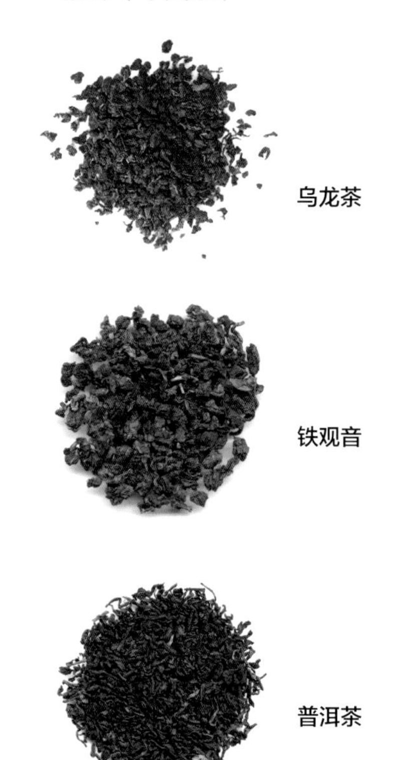

茶包（西式茶）

常用到的有伯爵茶、英式红茶、洋甘菊、绿茶、薄荷茶等。

南非波士茶

南非波士茶，英文名为Rooibos，是南非独有的一种天然草本针叶灌木，干燥后的枝叶通常呈红褐色。它气味芳香，口感甘甜，有着独特的红茶质感，富含抗氧化成分，且不含咖啡因，享有“南非国宝茶”的美誉。通过精细切割研磨后，波士茶可以在意式咖啡机上直接萃取，广泛应用在各类热饮、冷饮和美食当中，时尚又健康。

抹茶

花草/花果茶

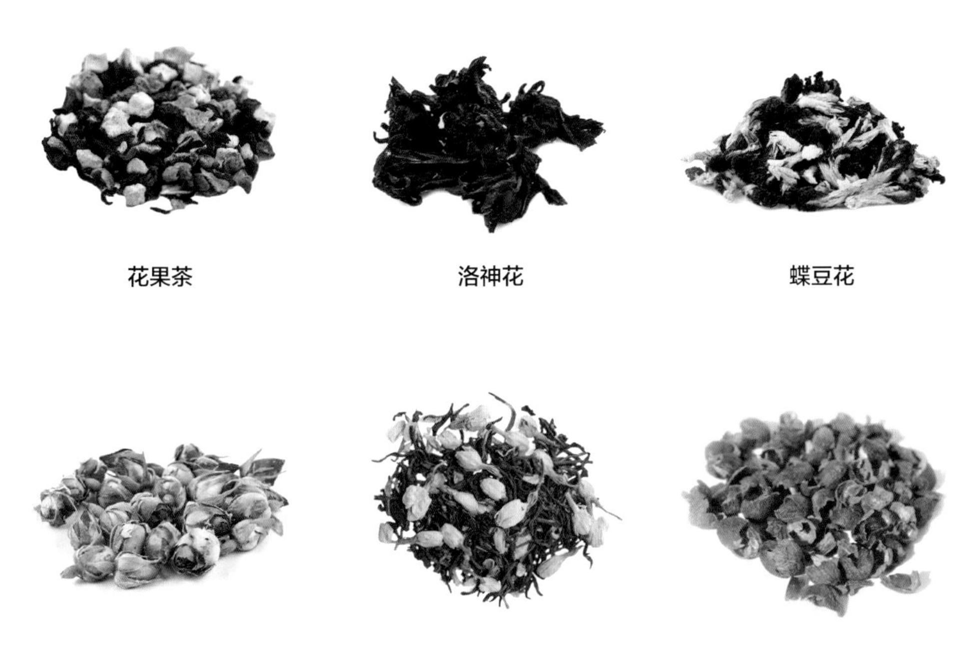

花果茶　洛神花　蝶豆花

粉玫瑰　茉莉花茶　咖啡果皮茶

软饮

不含酒精的软饮是快速调制特饮的常用材料。本书用到的软饮有雪碧、可乐、酸奶、菠萝汁、橙汁、干姜汽水等。

乳酸菌饮料

乳酸菌饮料是以乳制品为原料经益生菌类培养发酵制成的调味饮料。根据灭菌处理而区分为活性（未灭菌）型和非活性（灭菌）型。

活性乳酸菌饮料中含有活的乳酸菌。这种饮料要求在2~10℃下贮存和销售，密封包装的活性乳酸菌保质期通常为15天。

非活性乳酸菌饮料中的乳酸菌在生产过程中的加热无菌处理阶段时已被杀灭。密封包装的非活性乳酸菌可在常温下贮存1年。

乳酸菌饮料口感酸甜，风味独特，应用广泛，可以用来调配各类饮料，或搭配各类食材。特别是和新鲜水果搭配，很能体现两者酸甜清爽的口感。现在还有商用的浓缩型乳酸菌，性价比高，非常适合快饮店。

冰淇淋

国家食品标准对冰淇淋有乳脂含量的要求，全乳脂冰淇淋的乳脂含量不得低于8%，半乳脂冰淇淋的乳脂含量不得低于2.2%，而对雪糕却没有这个硬性规定。正因如此，冰淇淋的口感比雪糕、冰棍等更丝滑。

其他

本书还用到一些未归类的辅料（不作详细叙述），如海盐、辣椒汁、炼奶、马斯卡邦奶酪、花生酱、开心果酱、话梅、罗望子汁（酸角浓缩汁）、青柠汁（瓶装市售）等。

调配饮品常用的器具

1 **吧匙**

拥有长柄的不锈钢勺子，用于搅拌饮品，帮助分层和量取小分量原料。另一头通常是叉子，用于叉取果肉等食材。

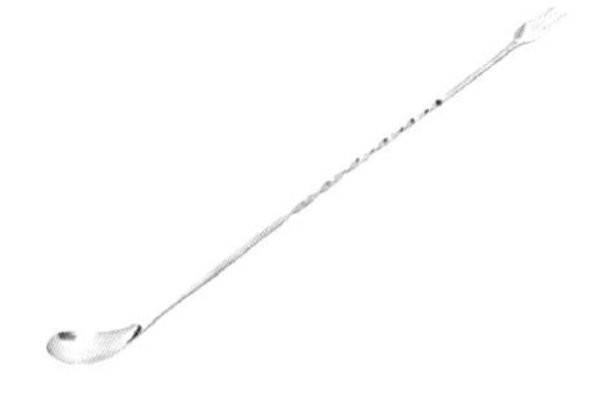

2 **榨汁器**

可轻松压取所需的柠檬汁等，适合于柑橘类水果的饮品制作。

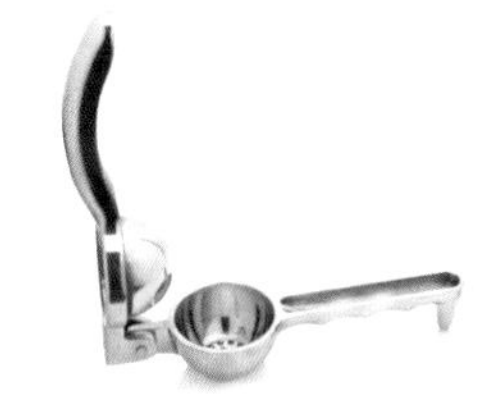

3 **碎冰机**

制作碎冰之用，把冰块放入机器上部，通过手摇把手获得碎冰。也有电动的碎冰机。

4 **捣棒**

捣压草本植物与新鲜水果的器具，常见材质为木质或胶质，捣压面带有凹凸或锯齿状。

5 **刀**

用于削皮或切割水果。

6 削皮器

用于削割食物表皮的工具，可便捷有效地去除食物表皮，节约时间。常用于削取大小柠檬皮、橙皮等。

7 盎司杯

用于精准地度量液体食材的使用量，如用于咖啡、糖浆等的度量。1盎司（oz）等于28毫升（ml）。

8 搅拌机

用于搅拌食物。根据食物质地和水分多少的不同，搅拌机可以将食物搅拌成泥状、糊状、酱状、末状等。常见的搅拌机都是立式杯状。

9 滤袋

棉质滤布，过滤果渣时使用，也可作为料理用途，过筛使用。

10 雪克壶（摇酒器）

是调制各式冰饮、酒类的必备工具，大部分为不锈钢材质，一般家用也可以选择PC树脂材质的，较为轻巧，且不冻手。

11 量匙

用以量取少量调味品、香料等。一般有5种规格，计量单位由大到小，分别为15g（ml）、7.5g（ml）、5g（ml）、2.5g（ml）、1g（ml）。

12 量杯

用于准确量取液体分量的器具，单位一般为毫升（ml）或盎司（oz）。

13 夹子

夹取食材所用到的工具。

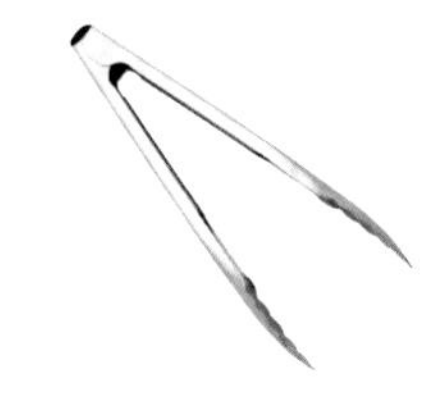

14 镊子

夹取材料作装饰时所使用的工具。

15 喷火枪

喷火枪使火焰从固定的位置释放出来，用于现烤食品。

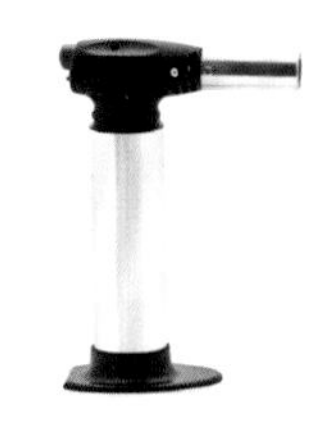

16 挤瓶

用于盛装浆汁状食品的容器。使用时可轻松挤抹在食材表面，调味或装饰用。

17 制冰盒

有许多形状供挑选，可用来制作创意冰块，能提高饮品的视觉效果。

18 茶壶

制作茶饮时的容器。将茶叶浸泡在茶壶中，以便于饮用时的分装。

19 挖球器

挖取西瓜、哈密瓜等果肉的器具。转动勺子可以轻松挖出圆球体果肉。

20 勺子

搅拌饮品或捞取饮品果肉时使用。

21 单柄厚底锅

制作糖浆时使用，锅底较厚，加热快速且导热均匀，烹调时不容易粘锅。

22 滤网

用于过滤茶叶渣、果汁，也可作为料理用途或粉类食材过筛使用。

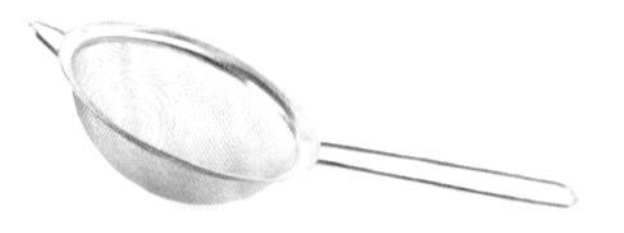

23 砧板

在制作饮品过程中垫在水果等食材下方的器具。使用砧板既可以保护桌面，也更卫生。有多种材质可选。

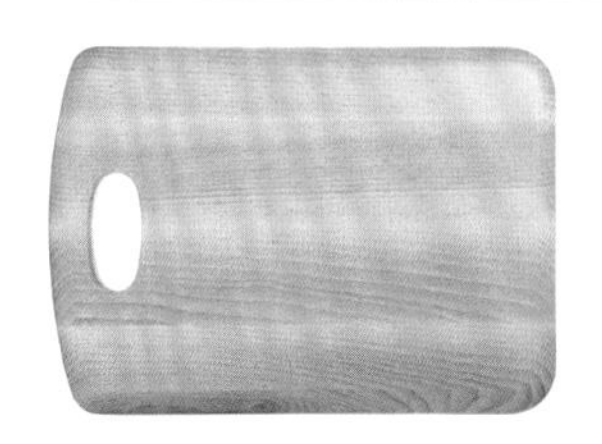

24 电磁炉

可在制作糖浆时使用，也可为食材加热。

25 撒粉罐

用于盛装可可粉等粉末的容器。可在饮品制作完成时均匀撒于表面以作装饰。也可用滤网替代。

26 刨刀

制作姜蓉等碎末状的器具，不同孔径可以刨不同的食材。

27 电子秤

用以称量冰块、食材的重量，提高制作饮品的分量精确度。

28 刨丝刀

用于蔬果刨丝。工具上的孔状可以让你轻松刮取果皮。

29 调酒量杯

用于精准地度量液体食材的使用量，多用于糖浆等的度量。量杯上下两边容量不同，根据需求使用，有多种规格可选择。

30 奶油枪

专业奶油发泡器，可用来制作奶油蛋糕、花式卡布奇诺、水果冰淇淋等。填装完所需气弹，摇晃后即可使用。使用前请详细阅读注意事项。本书有奶油枪的使用方法，请参阅自制基础物料篇章。

31 榨汁机

一种可以将蔬果快速榨成蔬果汁的机器。蔬果是健康饮食里的佳品，虽然营养丰富，但很多人并不喜欢直接食用，配备榨汁机就能解决此问题。

调配饮品的基本技法

学会基本的饮品调配技术是成为饮品师的重要一步。在了解技术原理的同时也能让你打下扎实的基础，从而自如地去实验各种饮品的制作，在未来掌握更多的高级技巧。

一、摇和法（Shake）

摇和法是市面上常见且简易的饮品制作方法，当饮品内有不易混合或黏稠度较强的材料时，我们就会使用摇和法，让各种材料迅速均匀地混合。摇和时，空气可以进入饮品从而形成细腻的气泡，让口感更加绵稠细腻，同时摇和的频率要快，使饮品迅速降温达到适合的饮用温度。

摇和法步骤：

1. 准备好合适的玻璃杯，将所有材料放入雪克壶。
2. 在雪克壶中加入约2/3满的冰块。
3. 盖上雪克壶的过滤器与壶盖，并用一手拇指压紧壶盖，另一手扶稳壶身和壶底。
4. 用力迅速摇和12 ~ 15秒，达到冰镇与混合的目的。
5. 打开壶盖，将液体过滤入杯中。

Tips：

1. 雪克壶中不可加入任何带气泡的饮料进行摇和。
2. 酸性材料与奶类不可进行混合摇和。

二、调和法（Stir）

调和法通常在材料易于混合或材料较少的情况下使用，在杯中加入冰块，再放入全部材料进行快速搅拌。

调和法步骤：

1. 准备好合适的玻璃杯，倒入冰块。
2. 加入全部材料。
3. 搅拌均匀。

三、直兑法（Build）

直兑法在日常调制饮品中也较为常见，一些饮品分层即用这种方法制作。这种方法简单，只要控制好材料的酸甜度，均可调制出一杯层次分明的美味饮品。分层饮品的可观赏性高，可以给饮品加分。在制作时，我们必须了解材料的密度与甜度，让甜度高的材料在下，甜度低的材料在上。

直兑法步骤：

1. 准备好合适的玻璃杯，倒入冰块。
2. 将所有材料按照分量倒入杯中。
3. 要达到分层效果的，请将甜度高的材料置于底部。

四、搅拌法（Blend）

搅拌法属于夏天比较常见的一种饮品制作技法。将需要混合的材料全部放入搅拌机，搅拌后所有材料都能彻底混合。如果加入冰块一并搅拌，可形成冰沙的质感。直接将搅拌好的饮品倒入杯中即可。

搅拌法步骤：

1. 准备好搅拌的材料。
2. 将所有需搅拌的材料倒入搅拌机内，开始搅拌。
3. 搅拌好的饮品倒入杯中。

Tips：

使用体积稍小的冰块进行搅拌，可减少搅拌机刀片的磨损。

鸣谢雷英晖先生友情出镜

自制基础物料

自制糖浆

糖浆通常是一种通过熬制的高浓度糖溶液。由于糖浆的糖含量很高，在密封状态下可以保存很长时间，常用于调制饮品或制作甜点。可以根据个人喜好自己动手制作糖浆。

本书饮品所使用的自制糖浆有：自制原味糖浆、自制香料糖浆、自制红糖薄荷糖浆、自制姜糖糖浆与自制迷迭香糖浆。

自制原味糖浆：

1. 材料准备：白砂糖、水。
2. 白砂糖与水按1∶1混合，加入厚底锅中。
3. 大火加热至糖溶解。
4. 转小火煮约15分钟至黏稠状。
5. 待冷却，即可密封保存。

自制香料糖浆：

1. 材料准备：白砂糖300g、水300ml、丁香6颗、肉桂2条、橙皮1个。
2. 将全部材料加入厚底锅中，大火加热至糖溶解。
3. 转小火煮15分钟至黏稠状。
4. 待冷却，即可密封保存。

自制红糖薄荷糖浆：

1. 材料准备：薄荷叶20g、红糖200g、纯净水200ml。
2. 薄荷叶洗净备用。
3. 将红糖与纯净水倒入锅中，开中火煮溶红糖，关火。
4. 趁热倒入已洗净的薄荷叶，待冷却，密封放入冰箱。
5. 第二天取出糖浆，滤去薄荷叶。
6. 开小火再次将糖浆煮5分钟，待冷却，即可密封保存。

自制姜糖糖浆：

1. 材料准备：姜蓉100g、白砂糖200g、纯净水200ml、新鲜柠檬汁10ml。
2. 将纯净水、白砂糖、姜蓉加入厚底锅中，大火加热至糖溶解。
3. 转小火煮15分钟至黏稠状。
4. 加入新鲜柠檬汁。
5. 待冷却，隔渣密封保存。

自制迷迭香糖浆：

1. 材料准备：纯净水300ml、白砂糖300g、迷迭香叶20g。

2. 将纯净水与白砂糖加入厚底锅中，开大火加热至糖溶解。

3. 转小火煮15分钟至黏稠状，加入迷迭香叶。

4. 待冷却，隔渣密封保存。

糖渍水果

糖渍水果非常适用于家庭制作饮品，无论是冰饮、热饮或是装饰物。不同种类的水果都能制作成糖渍水果，不过建议选用当季的水果制作。糖渍水果易保存，因为糖是天然的防腐剂。糖的分量应是水果的1/3以上，而糖越多，保存期限也就越久。

水果在使用前，要对其表皮上的果蜡进行清洗，可用40~50℃温水浸泡10分钟后搓洗，也可在水果的外皮撒上盐进行搓洗，均能去除表皮果蜡。

本书饮品所使用的糖渍水果为糖渍布冧、糖渍橙子、糖渍三华李、糖渍芒果。

糖渍布冧：

1. 材料准备：成熟的布冧、白砂糖。
2. 布冧去核切块，放入密封罐中。
3. 在密封罐中加入与布冧等量的白砂糖。
4. 糖渍24小时即可使用。

Tips：

1. 糖渍时间越长，风味越浓，颜色越深。
2. 布冧和白砂糖进行糖渍处理后，果汁会与糖融合形成布冧糖浆。
3. 宜选用成熟的黑布冧，果皮部分花青素最多，做出来的布冧糖浆才会有不错的视觉效果。

糖渍橙子（柠檬等柑橘类水果）：

1. 材料准备：橙子、白砂糖。

2. 将橙子表皮洗净并晾干。

3. 将橙子切片后放入密封罐中。

4. 在密封罐中加入与橙子等量的白砂糖。

5. 糖渍24小时即可使用。

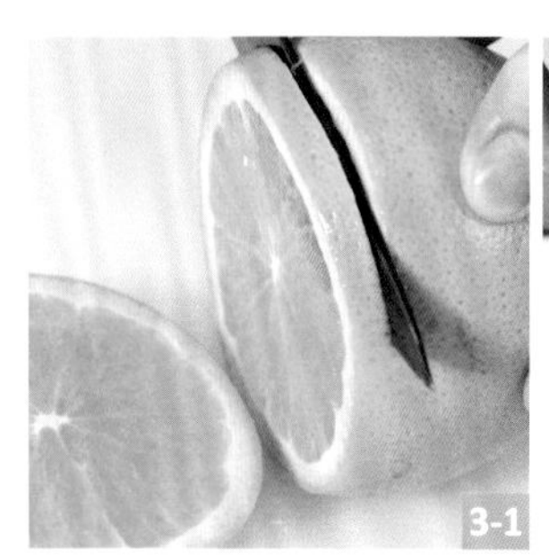
3-1

3-2

4

糖渍三华李：

1. 材料准备：三华李、白砂糖。

2. 清洗三华李并晾干。

3. 三华李去核切块后放入密封罐中。

4. 在密封罐中加入与三华李等量的白砂糖。

5. 糖渍24小时即可使用。

3-1

3-2

4

自制果酱

果酱是将水果、糖与其他调料一起煮制而成的水果混合物，能长时间保存，用于调制饮品，使风味更浓郁。

本书饮品所使用的果酱为蜜桃果酱、芒果百香果香草酱。

蜜桃果酱：

1. 材料准备：水蜜桃300g、白砂糖200g、柠檬汁10ml。
2. 将水蜜桃表皮洗净，然后切块。
3. 放入用于糖渍的容器中。
4. 加入白砂糖后密封糖渍出汁（需12小时左右）。
5. 倒入锅中开小火加热煮制约10分钟，待果肉变软后加入柠檬汁。
6. 将煮好的蜜桃果酱放入消毒过的密封罐中保存。

Tips：

水蜜桃果皮颜色的深浅，决定成品果酱颜色的深浅。

芒果百香果香草酱：

1. 材料准备：白砂糖300g、纯净水600ml、香草荚（划开，用刀背刮出香草籽）1条、芒果丁200g、百香果果汁10ml。
2. 白砂糖、纯净水和香草荚加入厚底锅中，开大火加热至糖溶解。
3. 加入芒果丁，转小火煮制10分钟至黏稠状。
4. 关火，加入百香果果汁。
5. 放入消毒过的密封罐中保存。

自制果冻

果冻也被称作啫喱，是一种西方甜食，为半固体状，外形晶莹剔透，口感“Q弹”，作为甜品形态添加在饮品制作中颇为流行。

本书使用了两种果冻，分别是透明果冻、茶冻。不同的果冻制作方法是一致的，其差异是每一款果冻的基底不同。下面以波士茶冻为例演示制作步骤。

如果需要制作透明果冻，只需将南非波士茶汤替换为纯净水即可。

茶冻：

1. 材料准备：南非波士茶汤300ml（两人份）、白凉粉10g。
2. 将白凉粉加到茶汤中充分搅至溶解。
3. 可倒入模具或直接密封冷却凝固，放冰箱冷藏备用。

2

3

Tips：

南非波士茶汤的萃取方法可参考P152。

烤水果

水果在经过恰当的烤制后拥有更明显的甜味，同时果香味也更浓。烤水果与其他原材料混合，能大大提升饮品香气与层次。

本书所使用的烤制水果为烤菠萝、烤苹果与烤葡萄。

菠萝去皮去芯后切薄片，预热烤箱至120℃，放入菠萝片烤60分钟即可。烤好的水果可以放冰箱保存。

苹果去芯切块，预热烤箱至120℃，放入苹果块烤60分钟即可。

葡萄洗净擦干，预热烤箱至120℃，放入葡萄烤60分钟即可。

自制冰块

冰块通常用来降温或制作冰饮。根据需要，还可将水倒入模具中制作出形状各异的冰块。更换了液体基底或者在水中加入材料，就可以制作出创意冰块，在饮品中起到冷却且不稀释饮料或装饰美观的作用。

本书使用的创意冰块为鲜花冰块、草莓酱冰块、绿茶冰球、咖啡冰块。

鲜花冰块：

1. 材料准备：食用鲜花、纯净水。
2. 将大格方形冰格注水至九分满。
3. 用镊子将食用鲜花放入水中，用保鲜膜密封。
4. 放入冰箱冷冻，待其定形结冰即可。

3-1

3-2

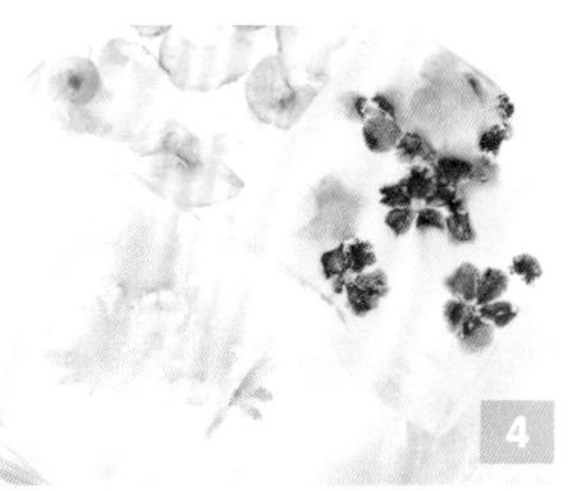

4

草莓酱冰块：

1. 材料准备：安德鲁草莓水果颗粒果酱、纯净水。
2. 将安德鲁草莓水果颗粒果酱与纯净水以1∶1的比例倒入量杯，搅拌混合。
3. 将混合后的草莓汁倒入花朵形状模具，用保鲜膜密封。
4. 放入冰箱冷藏，待其定形结冰即可。

绿茶冰球：

1. 材料准备：川宁绿茶包、开水。
2. 用开水冲泡川宁绿茶包。
3. 将川宁绿茶倒入球形模具中。
4. 放入冰箱冷藏，待其定形结冰即可。

咖啡冰块：

1. 材料准备：美式咖啡。
2. 用咖啡滤纸过滤美式咖啡的油脂，冷却备用。（滤去油脂的咖啡会更清爽，做出来的冰块味道更干净）
3. 将美式咖啡倒入模具中，用保鲜膜密封。
4. 放入冰箱冷藏，待其定形结冰即可。

Tips：

除用咖啡机制作美式咖啡，也可以用其他器具萃取咖啡液，会得到不同的咖啡浓度。

奶油制作

奶油属于乳制品，常见的淡奶油是从牛奶中提取的。奶油用途较多，常作为蛋糕、面包、冰淇淋、饮品的原材料。

本书部分饮品使用奶油作为食材，可增加饮品的层次感，并有装饰的作用。

奶油枪的基本使用：

1. 材料准备：淡奶油。
2. 将淡奶油倒入奶油枪瓶中，盖上盖子并拧紧。
3. 安装上奶油枪气弹并拧紧。
4. 摇晃奶油枪约30次，让淡奶油与气体充分混合。
5. 充分混合后即可使用奶油进行装饰。

Tips：

摇晃奶油枪时，根据摇晃的力度调整摇晃的次数，当听不到液体摇晃的声音即可停止，以免奶油打发过度。

椰子奶油：

1. 材料准备：全脂椰浆1罐、龙舌兰糖浆10ml。
2. 全脂椰浆按照标签的正面位置倒扣冷藏12小时（冷藏时间延长到24小时会更容易打发）。
3. 倒出分离出来的椰汁，剩余固体部分舀入碗里。
4. 加入龙舌兰糖浆。
5. 用电动打蛋器朝同一方向打发约2分钟即可得到需要的奶油（手动也可以打发，时间会稍长）。密封冷藏可保存1周，每次使用前搅拌均匀就可以了。

自制素奶

如果是素食者，那么植物坚果奶就是很好的选择。使用坚果制作成素奶，不仅能使饮品更醇厚，还能增加香气，让饮品更具营养价值。但坚果过敏者慎选。

本书使用的三种素奶为自制腰果奶、自制杏仁奶和自制鲜椰奶，制作步骤如下。

自制腰果奶：

1. 腰果与水以1∶1浸泡过夜。
2. 第二天沥干水，将浸泡过的坚果与纯净水按1∶2倒入搅拌机中。
3. 启动搅拌机，充分搅打。
4. 将搅打后的液体倒入滤袋，滤出素奶。
5. 密封后放入冰箱保存备用，可保存24小时。

Tips：

自制杏仁奶与自制腰果奶的方法相同，只需把腰果替换为杏仁即可。

自制鲜椰奶：

1. 将椰子肉取出。
2. 整个椰子肉与椰子水全部倒入搅拌机中。
3. 启动搅拌机，充分搅打。
4. 将搅打后的液体倒入滤袋，滤出椰奶。
5. 密封后放入冰箱保存备用，可保存12小时。

Tips：

1. 坚果如花生、杏仁、腰果、核桃、松仁等都可制作素奶。
2. 制作时，因坚果含有酵素抑制剂，一定要记得提前浸泡4小时以上。浸泡后，这种有碍消化的成分才会随着水分排出来，维生素才能顺利被人体吸收。

冷泡茶

冷泡茶是用冷水萃取的茶。与传统热水萃取的茶饮相比，冷泡茶的苦涩味较少，因为低温状态下，带来苦涩味的物质如生物碱、茶多酚析出比较少，茶多糖的析出更稳定，因此冷泡茶有令人舒适的甜感。

冷泡绿茶：

1. 在杯中加入冷水，放入川宁绿茶包。
2. 密封，放入冰箱冷藏约8小时即可。

饮品的装饰

饮品的装饰是强化美感与香气。饮品的感官来自饮品的风味和香气，所以在饮品中利用装饰食材来提味和增加香气，会给饮品加分。但饮品的装饰与饮品本身的风味要相得益彰，避免过度装饰。以下有一些供大家参考的方法。

1. 杯子：一只造型优美漂亮的杯子，会令你的装饰事半功倍。

2. 分层效果：利用食材的比重让食材一层浮在另一层上，来达到一种层次分明的效果。

3. 风味杯口：将糖霜、盐、花瓣碎等食物沾在杯口，使饮品看起来摇曳生姿，做法是用少许水或果汁沾湿杯口，把需要装饰的食材铺在碟子上，将杯口倒置于碟中，待杯边均匀粘上装饰的食材后放置一旁备用。

4. 小零食：如酷米脆、巧克力酷脆、巧克力、果冻、软糖、棉花糖、曲奇、糖珠、果脯，水果干如苹果片、柠檬片、菠萝片等零食，用这些零食做装饰，既好看又好吃。

5. 食用鲜花：如薰衣草、三色堇、玫瑰、洋甘菊、紫罗兰、金盏花、桔梗等，用这些花瓣做装饰，让饮品呈现出大自然的气息与美感。

6. 烤甜点：如现烤焦糖、棉花糖等，将粗砂糖或棉花糖用火枪烘烤至焦糖化，制作过程中，空气中弥漫的香气已经非常吸引人。在冬季的热饮中用上这类烤甜点做装饰，使饮品看起来更加香甜温暖。

7. 干香料：如肉桂、丁香、豆蔻等以及各种花草茶。

8. 动态效果的饮品：利用风味糖浆、巧克力酱、太妃糖酱等可流动性的酱汁来装饰饮品，让饮品呈现出动态之美。

9. 新鲜蔬果：如圣女果或橙片简单美观，带有清新香气，亦可调整饮品酸甜度。

本书用到的装饰食材如下：

水果（装饰、自选）	椰丝	巧克力酷脆（商用）
薄荷叶	咖啡豆	椰子脆片
迷迭香	巧克力卷（黑巧克力块）	香蕉脆片
食用鲜花	手指饼干	开心果碎
橙皮	消化饼干	棉花糖

菠萝叶	好时巧克力	可乐软糖
香蕉花	巧克力酱	糯米纸蝴蝶
干玫瑰花	奥利奥饼干	
干桂花	奥利奥饼粉（商用）	

03

SMOO

夏日冰沙

FRAPP

香蕉拿铁冰沙

青苹牛油果冰沙

玫瑰之恋冰沙

罗望子红茶冰沙

花生椰奶冰沙

草莓曲奇冰沙

薄荷巧克力可乐冰沙

红豆西米冰沙

葡萄酸奶冰沙

香蕉鲜橙冰沙

蜜桃西柚冰沙

蓝莓奶酪冰沙

E

香蕉拿铁冰沙

香蕉牛奶的香甜搭配巧克力酷脆微微苦甜的颗粒感，
令饮品富有层次。

400ml

材 料

蜜蒂尔香蕉拿铁冰沙粉	40g
牛奶	100ml
冰块	200g
益生糖	20ml
巧克力酷脆	5g

装 饰

鲜奶油	100ml
巧克力酷脆	2g

制 作

1. 装饰奶油做法：将冰过的100ml鲜奶油加到雪克壶中摇至黏稠状即可。
2. 材料除巧克力酷脆外全部加入搅拌机里搅打成冰沙，然后加入5g巧克力酷脆搅打2秒（保持颗粒状以增加口感）。
3. 装杯，加入装饰奶油，放上2g巧克力酷脆装饰即可。

青苹牛油果冰沙

青苹果的酸爽与牛油果的奶油质感相遇，
营造出慕斯蛋糕的绵密口感。薄荷叶令饮品喝起来更加清爽。

400ml

材料

安德鲁青苹果果蓉	100g
鲜牛油果	50g
酸奶	100ml
益生糖	10ml
薄荷叶	4片
冰块	200g

装饰

青柠	1个
白砂糖	适量
青柠片	1片

制作

1. 做杯子的装饰部分：准备一个碟子，取青柠，用刮皮器刮出青柠皮碎，然后加入与青柠皮碎等量的白砂糖混合备用；把青柠切开，然后在杯子边缘涂抹，将粘有青柠汁的杯口倒扣在混有青柠皮碎和白砂糖的碟子上，杯口的糖边装饰完成，待用。

2. 全部材料加入搅拌机里搅打成冰沙，装入做法1的玻璃杯中。

3. 放上青柠片装饰即可。

玫瑰之恋冰沙

无花果的软糯伴着圣女果的酸甜。糖浆带有些许玫瑰香，使饮品层次更丰富。

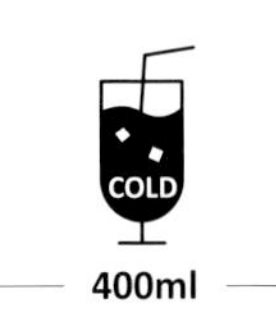

400ml

材料

安德鲁速冻无花果	3颗
红色圣女果	100g
柠檬汁	10ml
莫林玫瑰糖浆	30ml
冰块	200g

装饰

红色、黄色圣女果　各半颗

制作

1. 将全部材料加入搅拌机里搅打成冰沙。
2. 将冰沙装杯，放上切开的红色、黄色圣女果装饰即可。

罗望子红茶冰沙

酸型罗望子有柑橘、柠檬风味，口感刺激。
不喜欢太酸的人可选择甜型罗望子，风味会温和很多。
夏日来一杯茶味罗望子冰沙，还有什么比这更棒的呢！

400ml

材 料

蜜蒂尔红茶冰沙粉	40g
罗望子汁	100ml
益生糖	20ml
冰块	200g

装 饰

柠檬蝴蝶	1份

制 作

1. 全部材料加入搅拌机搅打成冰沙。
2. 然后装杯，放上柠檬蝴蝶装饰即可。

Tips

柠檬蝴蝶的做法：切柠檬薄片，第一刀切到柠檬三分之二的部分时停止，再切一次将薄片切断，在底部相连的位置切一个1厘米的刀口，在刀口的两侧左右一拧就会呈现类似蝴蝶翅膀的造型。

花生椰奶冰沙

鲜椰奶的清甜与花生酱的浓香完美搭配，风味相得益彰！

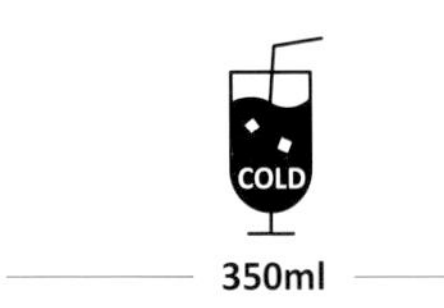

350ml

材 料

自制鲜椰奶	100ml
花生酱	20g
益生糖	10ml
冰块	200g

装 饰

椰子脆片	适量
罗勒叶	1株

制 作

1. 全部材料加入搅拌机里，搅打成冰沙后装杯。
2. 放上椰子脆片与罗勒叶装饰即可。

Tips

自制鲜椰奶可参考P65。

草莓曲奇冰沙

添加曲奇饼干令冰沙的质地更黏稠，还有少许香草的味道。

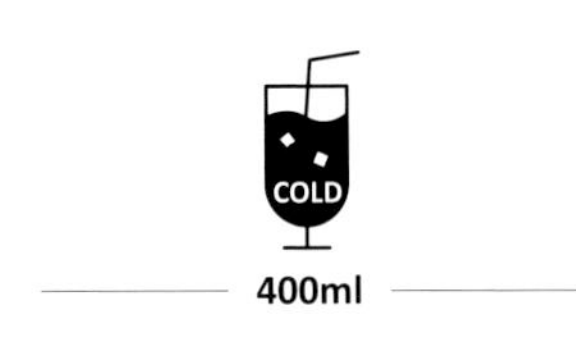

材 料

安德鲁草莓果粒酱	150g
鲜牛奶	80ml
益生糖	20ml
冰块	200g
香草曲奇饼干	2块

装 饰

草莓	1颗（中等大小）
香草曲奇饼干	适量

制 作

1. 取1颗中等大小的草莓，部分切成薄片，贴在杯口位置作装饰，剩余的留下备用。
2. 材料除香草曲奇饼干外全部加入搅拌机里打成冰沙，加入香草曲奇饼干搅打4秒后装杯。
3. 用剩余的草莓和香草曲奇饼干装饰即可。

薄荷巧克力可乐冰沙

你喝过薄荷巧克力可乐冰沙吗？没有的话就试一下吧，
清爽的甜、浓郁、微苦，不一样的味觉体验。

400ml

材 料

蜜蒂尔薄荷巧克力冰沙粉	40g
冰块	200g
可乐	100ml

装 饰

鲜奶油	适量
可乐软糖	2颗

制 作

1. 全部材料加入搅拌机里，搅打成冰沙后装杯。
2. 挤上鲜奶油，用可乐软糖装饰即可。

红豆西米冰沙

像红豆雪糕一样的冰沙，口感细腻。

材 料

安德鲁红豆西米酱	50g
鲜牛奶	100ml
冰块	200g

装 饰

鲜奶油	适量
安德鲁红豆西米酱	适量

制 作

1. 全部材料加入搅拌机里，搅打成冰沙后装杯。
2. 挤上鲜奶油，淋上安德鲁红豆西米酱装饰即可。

葡萄酸奶冰沙

优雅的气息，就在一抹紫色中弥漫开来。

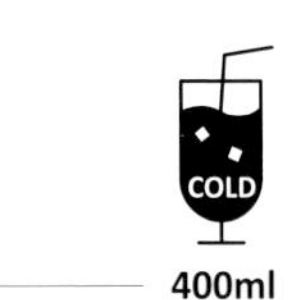

400ml

材料

速冻无籽葡萄	100g
酸奶	100ml
益生糖	20ml
冰块	200g

装饰

食用鲜花（兰花）	1朵

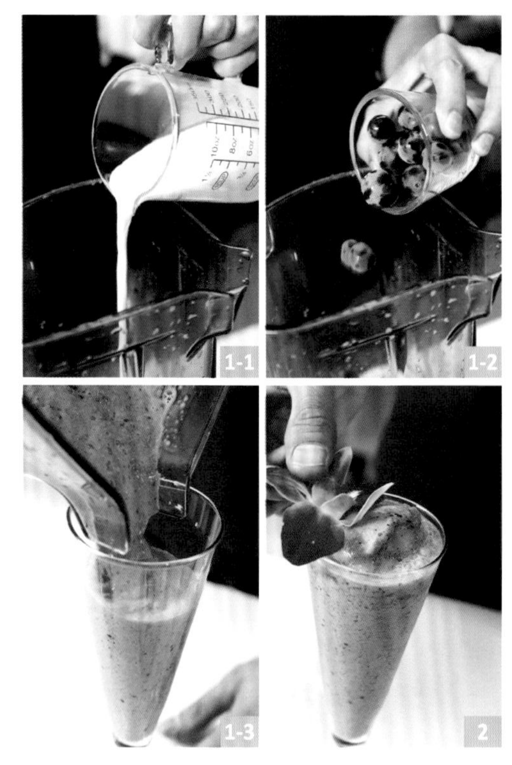

制作

1. 全部材料加入搅拌机里，搅打成冰沙后装杯。

2. 杯口放上食用鲜花——兰花装饰即可。

Tips

速冻无籽葡萄：无籽葡萄洗干净，沥干水，放保鲜盒冷冻24小时。

香蕉鲜橙冰沙

酸酸甜甜的橙子特别适合在夏天制成饮品，
加上少许微苦的橙皮，使饮品的口感更加有层次。

400ml

材 料

香蕉（成熟的）	1根
糖渍橙片	1片
果汁先生橙汁	100ml
益生糖	20ml
冰块	200g

装 饰

香蕉脆片	2片
橙片	半片

制 作

1. 全部材料加入搅拌机里，搅打成冰沙后装杯。

2. 放上香蕉脆片与橙片装饰即可。

蜜桃西柚冰沙

这是一款清新水果与花香混合的冰沙。

400ml

材 料

自制蜜桃果酱	50g
西柚果肉	100g
茉莉花茶汤	100ml
冰块	200g

装 饰

柠檬片	1片
花边橙皮	1片

制 作

1. 全部材料加入搅拌机里，搅打成冰沙后装杯。
2. 杯口放上柠檬片与花边橙皮装饰即可。

Tips

1. 茶汤可根据冰块的硬度适当增减。
2. 可以用花纹剪刀剪出花边橙皮。
3. 自制蜜桃果酱可参考P59。

蓝莓奶酪冰沙

酸甜的蓝莓搭配口感饱满的奶酪，
一定会让你回味无穷。

400ml

材料

蜜蒂尔马斯卡邦奶酪粉	40g
新鲜蓝莓	50g
冰块	200g
鲜牛奶	100ml
益生糖	20ml

装饰

新鲜蓝莓	2颗
薄荷叶	1株

制作

1. 材料除新鲜蓝莓外全部加入搅拌机里搅打成冰沙，然后加入新鲜蓝莓搅打4秒后装杯。
2. 放上新鲜蓝莓与薄荷叶装饰即可。

Tips

饮品材料蓝莓部分，喜欢味道更浓郁的人可以提前把蓝莓煮成果酱来搭配，味道和颜色都会更突出。也可以用蓝莓干来制作，颜色会比较浅，但是口感颗粒物更多。可根据你喜欢的颜色和口感来选材。

04

CO

咖啡类特饮

DRINK

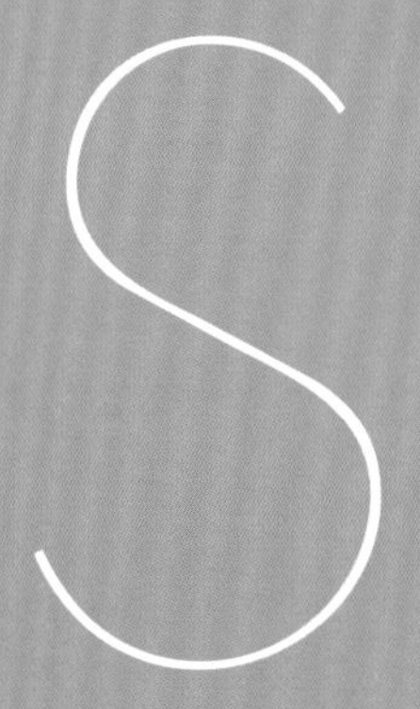

香草水果冰咖啡

太妃棉花糖拿铁

无花果柑橘热咖啡

椰奶冰摩卡

咖啡果皮哈密瓜冰

姜饼摩卡

杏仁香草冰咖啡

布霖气泡咖啡

杏仁奶咖啡冰

百香芒果冰咖啡

香草水果冰咖啡

一款有着热带风情的冰咖啡，喝完后余味悠长。

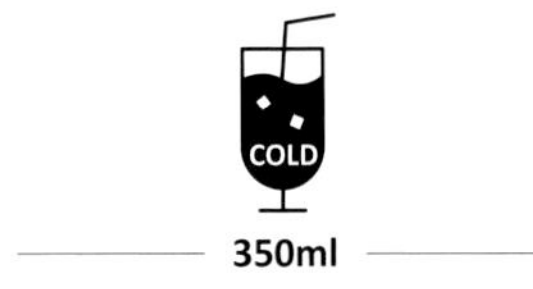

材 料

冰美式咖啡	200ml
芒果百香果香草酱	50g
冰块	100g

装 饰

柠檬片	1片
香草荚	1条（自选）

制 作

1. 杯中加入芒果百香果香草酱、冰块轻轻搅打均匀，加入冰美式咖啡。
2. 放上柠檬片与香草荚装饰增香即可。

Tips

1. 芒果百香果香草酱的制作可参考P60。
2. 选用直身阔口的玻璃杯能突显层次，也方便吃果肉。

咖啡沙龍
COFFEESALON
12th 2004-2016 ANNIVERSARY

太妃棉花糖拿铁

在简单的咖啡上做一些可爱的装饰，
可以激发大家的童心！

250ml

材 料

莫林太妃糖糖浆	15ml
Espresso	30ml
腰果奶	100ml
冰块	100g

装 饰

棉花糖	1颗

制 作

1. 杯中加入冰块、腰果奶、莫林太妃糖糖浆搅匀，最后加入Espresso形成黑白分层效果。

2. 将棉花糖插在吸管上，用火枪轻微烤一下，然后放入杯中装饰即可。

Tips

1. Espresso，即意式浓缩咖啡。
2. 腰果奶的做法可参考P64。

无花果柑橘热咖啡

不想单纯喝杯咖啡?
加点无花果干和小柑橘吧，会拓展你的味觉新地图!

材 料

无花果干	4颗
纯净水	300ml
新鲜小柑橘（切开）	2颗
Espresso	30ml

制 作

1. 无花果干对半切开，加入纯净水，用电磁炉开大火煮5分钟至出味，关火；待温度降到70℃时倒入热饮杯中。
2. 加入小柑橘，最后加入Espresso即可。

Tips

1. 为了保护柑橘皮里精油的香气，不要在太高温的水里加入小柑橘。低温饮用咖啡时甜感也会更好。
2. 宜选用双层的热饮玻璃杯，避免烫伤。

椰奶冰摩卡

椰奶与巧克力，
配上醇厚的咖啡，甜而不腻！

350ml

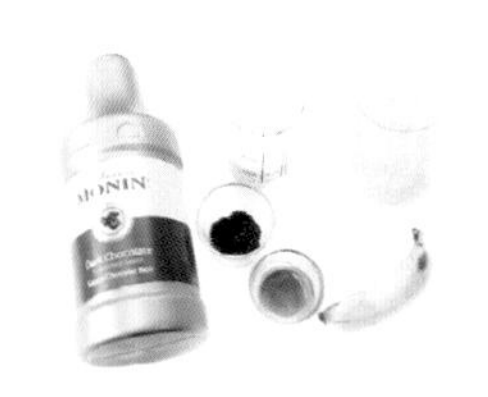

材 料

鲜椰奶	200ml
莫林黑巧克力酱	10g
熟香蕉	50g
Espresso	30ml
红糖	10g
冰块	4块

装 饰

椰子奶油（全脂椰奶打发后的奶制品）	2勺
咖啡豆	1颗

制 作

1. 全部材料加入搅拌机里，开低速打匀后装杯。
2. 放上椰子奶油与咖啡豆装饰即可。

Tips

1. 椰子奶油的做法可参考P63。
2. 选用高脚玻璃杯，令没有层次的咖啡饮品更显雅致。

咖啡果皮哈密瓜冰

咖啡果皮茶，顾名思义，是将咖啡果实的皮分离后晒干，制成天然茶饮品。
为了增加茶的风味，在饮品里添加了红茶。哈密瓜的清甜爽脆则增加了饮品的特色。

400ml

材 料

咖啡果皮茶	10g
川宁红茶包	1包
开水	400ml
哈密瓜果肉	50g
自制原味糖浆	20ml
冰块	150g

装 饰

哈密瓜角	2片

Tips

咖啡果皮茶可以直接用开水冲泡当茶喝，味道像山楂一样，如果在里面放入3～4颗桂圆干，喝起来像正山小种红茶的味道。

制 作

1. 用适量开水（材料外）将咖啡果皮茶冲洗一遍，然后加200ml开水浸泡10分钟出味，再用网筛隔渣留液体备用，调配饮品时需用到100ml。
2. 将川宁红茶包加200ml开水浸泡3分钟出味，然后拿出茶包留液体备用，调配饮品时需用到50ml。
3. 将冰块、哈密瓜果肉、自制原味糖浆、咖啡果皮茶、川宁红茶加入雪克壶中摇匀后装杯。
4. 将哈密瓜角切一个口，倒插在杯口装饰即可。

姜饼摩卡

这是一款圣诞气氛浓郁的咖啡饮品。

350ml

材 料

莫林姜饼糖浆	10ml
莫林黑巧克力酱	10g
Espresso	30ml
腰果奶	100ml
冰块	200g

装 饰

巧克力酱	适量
消化饼	半片

制 作

1. 玻璃杯壁用冰的莫林黑巧克力酱装饰。
2. 杯中加入冰块，依次加入其他材料。
3. 杯口放上半片消化饼装饰即可。

Tips

1. 选用直身的玻璃杯，能令莫林黑巧克力酱在融化的过程中有水墨画的意境。
2. 腰果奶的做法可参考P64。

DIGESTIVE

杏仁香草冰咖啡

香草糖浆的香甜与杏仁奶的清甜，令冰咖啡的味道更加鲜美。

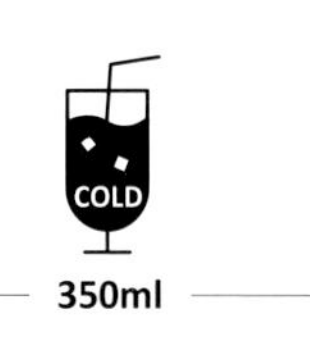

350ml

材 料

莫林香草糖浆	20ml
杏仁奶	150ml
冰块	200g
Espresso	30ml

装 饰

薄荷叶或食用鲜花	适量

制 作

1. 玻璃杯里加入莫林香草糖浆、杏仁奶、冰块搅匀，加入Espresso做成分层效果。

2. 用适量薄荷叶或食用鲜花在杯面作装饰即可。

Tips

杏仁奶的做法可参考P64。

GOOD
MORNING

布冧气泡咖啡

粉色的布冧糖浆不仅赏心悦目，还能给咖啡带来类似莓果的香气。

400ml

材 料

自制布冧糖浆	30ml
Espresso	30ml
冰块	1杯
气泡水	适量（倒至八分满）

装 饰

糖渍布冧果肉	2块

制 作

玻璃杯里加入自制布冧糖浆、糖渍布冧果肉、冰块、气泡水，加至杯的八分满后轻搅匀，最后加入Espresso形成分层效果。

Tips

1. 喝时请搅拌均匀，味道更均匀。
2. 布冧糖浆的做法可参考P57。

杏仁奶咖啡冰

冰块融化的过程会让咖啡味道变得更浓。

350ml

材 料

咖啡冰块	150g
自制原味糖浆	20ml
杏仁奶	150ml

制 作

将咖啡冰块、自制原味糖浆依次加入玻璃杯中，根据自己喜欢的浓度加入杏仁奶调味即可。

Tips

自制杏仁奶可参考P64。

百香芒果冰咖啡

这是一款清爽酸甜的水果冰咖啡。

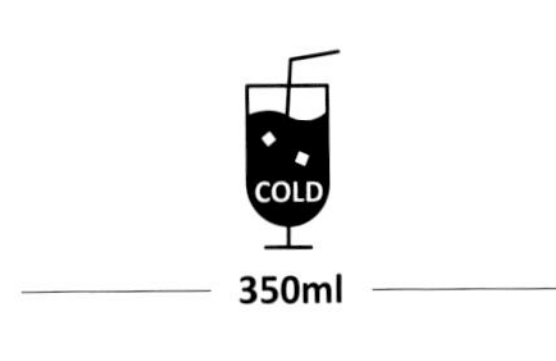

材 料

芒果果肉	100g
百香果汁	10ml
蜂蜜	25ml
碎冰	半杯
Espresso	30ml
气泡水	适量（倒至八分满）

装 饰

百香果块	1块
薄荷叶	1株

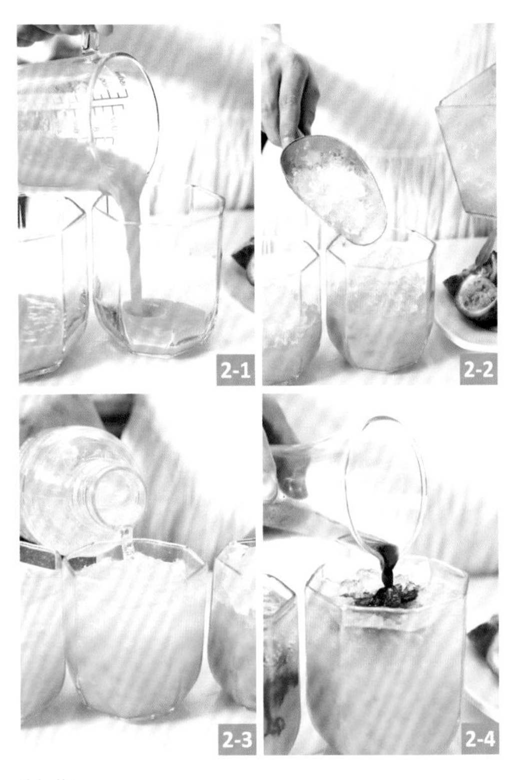

制 作

1. 将芒果果肉、百香果汁用搅拌机打成果泥备用。
2. 玻璃杯里加入百香芒果泥、蜂蜜搅匀，加入碎冰、气泡水至杯的八分满，最后加入Espresso。
3. 放上百香果块与薄荷叶装饰即可。

Tips

建议选用花香风味突出的咖啡豆制作Espresso，会与水果类饮品更搭配。

05

气泡类特饮

SO

DRIN

番石榴莓果气泡

迷迭香蜜桃气泡

火山气泡果汁

杰西卡西瓜气泡

橙子气泡果汁

圣女果玫瑰气泡

气泡鲜花冰

粉玫瑰蔓越莓气泡

莓果葡萄气泡果汁

热带气泡果汁

青苹果气泡果汁

香草西柚气泡果汁

番石榴莓果气泡

解冻后的莓果，花青素溶解在液体中染成好看的粉色，
添加柠檬汁能让饮品的酸味更显活泼。

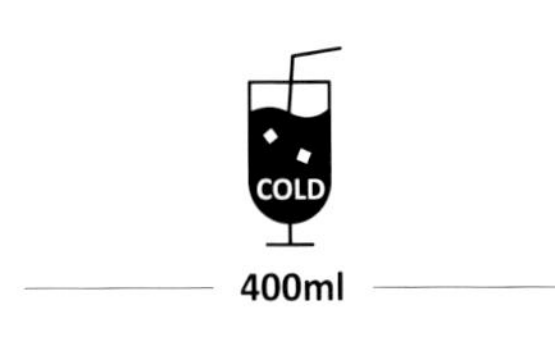

400ml

材 料

安德鲁番石榴果蓉	100g
安德鲁速冻莓果粒	20g
鲜榨柠檬汁	5ml
碎冰	1杯
气泡水	适量（倒至九分满）

装 饰

柠檬片	半片

制 作

1. 将安德鲁番石榴果蓉、鲜榨柠檬汁加入杯中，用吧匙搅匀后加入碎冰，加入气泡水至九分满，放上安德鲁速冻莓果粒。
2. 用柠檬片装饰即可。

迷迭香蜜桃气泡

一款充满水蜜桃芳香的气泡饮品，迷迭香糖浆带来一丝丝森林的清爽气息。

400ml

材 料

鲜榨水蜜桃汁	150ml
自制迷迭香糖浆	30ml
碎冰	1杯
气泡水	适量（倒至满杯）

装 饰

水蜜桃	1个
迷迭香	1株

制 作

1. 装饰物：水蜜桃切片，用小号心形曲奇模压出心形造型；迷迭香剥掉一部分叶片后斜插入心形水蜜桃片中作装饰，备用。
2. 除气泡水外，全部材料加入杯中搅匀，再加满气泡水。
3. 在杯口放上装饰物即可。

Tips

1. 迷迭香糖浆做法可参考P56。
2. 鲜榨水蜜桃汁：将水蜜桃果肉和水以1:1比例放入搅拌机，低速打成水蜜桃汁即可。

火山气泡果汁

火龙果快速打成冰沙，堆放在气泡水上，
红色浆液缓缓流下，就像火山爆发后的岩浆，十分漂亮。

400ml

材料

陆地部分：

Mixer猕猴桃果泥	30g
柠檬	1个
碎冰	1杯
气泡水	适量（倒至八分满）

火山部分：

红心火龙果	50g
冰块	4块

制作

1. 红心火龙果50g加冰块4块，快速搅打5秒成冰沙状。不要打太久，量少打太久容易液化。
2. 柠檬对半切，用榨汁器榨出柠檬汁，取10ml备用。
3. 玻璃杯内加入Mixer猕猴桃果泥、柠檬汁、碎冰搅匀，气泡水加至杯的八分满。
4. 放上做法1的红心火龙果冰沙即可。

杰西卡西瓜气泡

西瓜糖浆给饮品带来清凉口感，
干姜水的辣味提神开胃，适合作为餐前饮品。

400ml

材 料

金棕榈杰西卡茶汤	100ml
莫林西瓜糖浆	25ml
冰块	半杯
干姜水	适量（倒至满杯）

装 饰

西瓜球	3颗
薄荷叶	1株

制 作

1. 玻璃杯里加冰块、金棕榈杰西卡茶汤、莫林西瓜糖浆搅匀，干姜水加至满杯。
2. 竹签串上西瓜球，放在杯口，最后放上薄荷叶装饰即可。

Tips

金棕榈杰西卡茶汤制作：将果粒茶加90℃热水浸泡3分钟出味，滤出茶汤后隔冰水迅速降温备用。

橙子气泡果汁

把橙子汁和西柚汁搭配在一起，既有橙子的香甜，
又有西柚的清新，再加点柠檬，酸酸甜甜，很清爽。

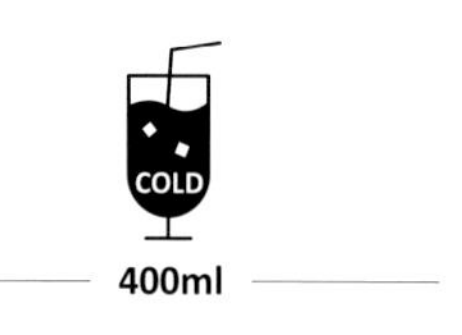

400ml

材 料

鲜榨橙汁	50ml
鲜榨西柚汁	50ml
鲜榨黄柠檬汁	10ml
自制原味糖浆	30ml
气泡水	适量（倒至满杯）
碎冰	1杯

装 饰

柠檬片	1片
西柚角	1个
薄荷叶	1株

制 作

1. 除气泡水、碎冰外，全部材料加入杯中搅匀，加满碎冰，放入柠檬片，气泡水加至满杯。

2. 放上西柚角与薄荷叶装饰即可。

圣女果玫瑰气泡

话梅的咸、甜、香，为饮品增色不少。

材 料

莫林玫瑰糖浆	20ml
圣女果	4颗
话梅	2颗
热水	50ml
冰块	150g
气泡水	适量（倒至满杯）

装 饰

干玫瑰花	适量

制 作

1. 将话梅放入热水中浸泡2分钟出味。圣女果对半切开备用。
2. 除气泡水外，其余全部材料加到雪克壶中摇匀后装杯，加满气泡水。
3. 干玫瑰花拆开花瓣，放在饮品的泡沫上作装饰即可。

气泡鲜花冰

这是一款充满春天气息的饮品。

400ml

材料

鲜花冰块	2块
莫林桃花糖浆	20ml
莫林酸甜糖浆	10ml
气泡水	适量（倒至满杯）

制作

玻璃杯里加入冰块、两款糖浆搅匀，气泡水加至满杯即可。

Tips

鲜花冰块做法可参考P61。

粉玫瑰蔓越莓气泡

淡淡玫瑰香将蔓越莓特有的酸甜风味衬托得更加甜美。

400ml

材 料

金棕榈粉玫瑰茶汤	100ml
安德鲁蔓越莓果粒酱	50g
冰块	150g
气泡水	适量

装 饰

可食用红玫瑰花瓣	少许

制 作

1. 除气泡水外，全部材料加入雪克壶中摇匀后装杯，加满气泡水。
2. 在饮品泡沫上放上可食用红玫瑰花瓣作装饰即可。

Tips

金棕榈粉玫瑰茶汤的做法：将10g玫瑰花加100ml热水清洗一遍，然后加150ml热水浸泡3分钟后滤出茶汤，隔冰水速冻降温备用。

莓果葡萄气泡果汁

冻过的葡萄更香甜，
和蔓越莓糖浆一起打成冰沙，酸酸甜甜，还有迷人的紫红色。

400ml

材 料

冷冻无籽葡萄	100g
莫林蔓越莓糖浆	30ml
冰块	4块
碎冰	适量
气泡水	适量

装 饰

冷冻无籽葡萄	1串

制 作

1. 将冷冻无籽葡萄、莫林蔓越莓糖浆和冰块加入搅拌机，快速打碎成冰沙后装杯。
2. 加满碎冰、气泡水。
3. 用冷冻无籽葡萄装饰即可。

Tips

冷冻无籽葡萄的做法：无籽葡萄清洗干净，沥干水，放保鲜盒冷冻24小时。

热带气泡果汁

饮品中明亮的黄色，充满了夏日气息。

400ml

材 料

芒果果肉	100g
香水菠萝果肉	50g
纯净水	100ml
冰块	6块
自制原味糖浆	30ml
碎冰	100g
气泡水	适量（倒至满杯）

装 饰

菠萝角	1片
菠萝叶	2片

制 作

1. 除气泡水、碎冰外，全部材料加入搅拌机搅打混合后装杯。
2. 加满碎冰、气泡水。
3. 放上菠萝角与菠萝叶装饰即可。

青苹果气泡果汁

这是一款简单清爽的饮品。

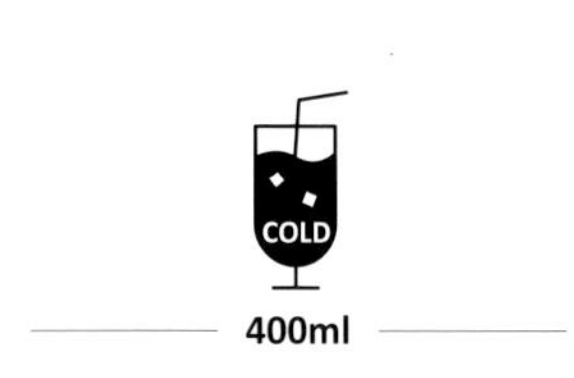

材 料

安德鲁青苹果果蓉	100ml
鲜榨青柠汁	10ml
自制原味糖浆	20ml
冰块	半杯
气泡水	适量

装 饰

苹果片或青柠片	1片

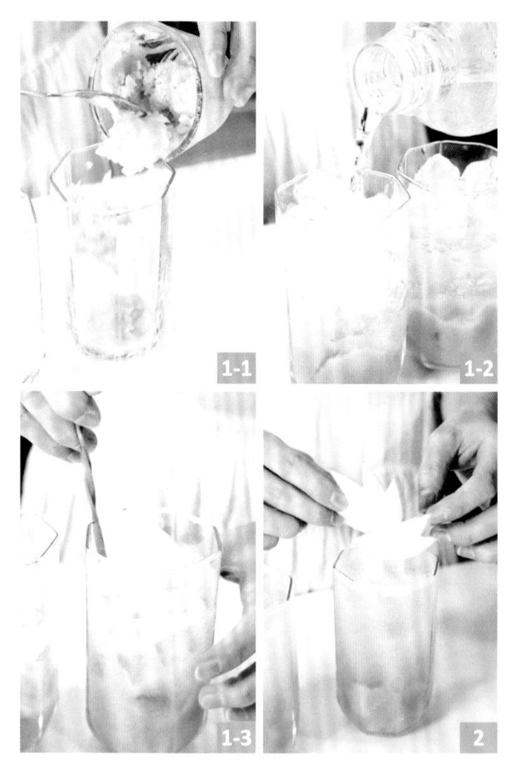

制 作

1. 除气泡水外，全部材料加入玻璃杯中搅匀。

2. 加满气泡水，放上苹果片或青柠片装饰即可。

香草西柚气泡果汁

香草糖浆的清香可以平衡西柚的酸味。

400ml

材 料

西柚	半个
莫林香草糖浆	20ml
自制原味糖浆	10ml
冰块	100g
气泡水	适量（倒至满杯）

装 饰

西柚角	1块
薄荷	1株

制 作

1. 将西柚切块，压榨出150ml果汁备用。
2. 玻璃杯中加入西柚汁、冰块、两种糖浆搅匀。
3. 放入西柚角与薄荷装饰，最后加满气泡水即可。

06

创意茶饮

TEA

接骨木绿茶冰茶

蝶豆花冰茶

哈密瓜普洱冰茶

香蕉奶盐热红茶

香草水果波士热茶

冰淇淋波士冰茶

仕女伯爵热茶

薄荷波士冰茶

桂花铁观音冰茶

红糖薄荷冰茶

李子波士冰茶

洛神花芒果冰茶

接骨木绿茶冰茶

这是一款春日饮品，口感清新爽口。

350ml

材 料

川宁冷泡绿茶	200ml
绿茶冰球	100g
莫林接骨木花糖浆	20ml
气泡水	适量

装 饰

香瓜条	适量
薄荷叶	1株

制 作

1. 玻璃杯中加入绿茶冰球、香瓜条、莫林接骨木花糖浆、川宁冷泡绿茶至8分满，搅匀。
2. 加入气泡水至满杯，最后放上薄荷叶装饰即可。

Tips

1. 绿茶冰球的做法可参考P62。
2. 川宁冷泡绿茶的做法：川宁绿茶包1包，加300ml冷水，放入冰箱冷泡8小时即可。

蝶豆花冰茶

蝶豆花几乎没有味道，
用其产生的天然色素来调配饮品十分有趣。

400ml

材 料

蝶豆花茶汤	100ml
自制原味糖浆	25ml
自制鲜椰奶	100ml
冰块	150g

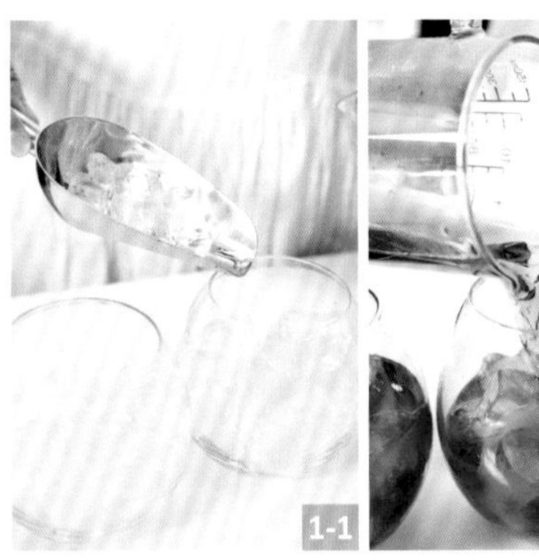

制 作

1. 除自制鲜椰奶外，所有材料加入玻璃杯中搅匀。
2. 轻轻倒入自制鲜椰奶即可。

Tips

1. 蝶豆花茶汤的做法：将5g蝶豆花加200ml开水浸泡3分钟，然后将茶汤隔冰水速冻降温备用。
2. 正常冲泡出来的蝶豆花茶pH在4.5时呈现弱酸性（蓝色），但如果遇到柠檬，pH降到2.5时酸性就会变成紫色。
3. 自制鲜椰奶可参考P65。

哈密瓜普洱冰茶

哈密瓜的清甜与普洱茶的陈香搭配，味道非常清爽和谐。

350ml

材 料

现榨哈密瓜果蓉	100ml
碎冰	半杯
自制原味糖浆	25ml
普洱茶	100ml

装 饰

哈密瓜球	适量
薄荷叶	适量

Tips

1. 普洱茶的做法：将10g普洱茶加100ml开水清洗一遍，再加200ml开水浸泡3分钟后滤出茶汤，隔冰水速冻降温备用。
2. 哈密瓜果蓉的做法：哈密瓜去皮去籽后加少量水（可以带动搅拌机就可以了），用搅拌机打成果蓉，放入冰箱保存备用。

制 作

1. 玻璃杯里加入现榨哈密瓜果蓉、碎冰、自制原味糖浆搅匀。
2. 轻轻倒入普洱茶，形成分层效果。
3. 放上哈密瓜球、薄荷叶装饰即可。

香蕉奶盐热红茶

红茶的醇厚加上炼奶与香蕉的香甜，
会带给你不一样的味蕾体验。

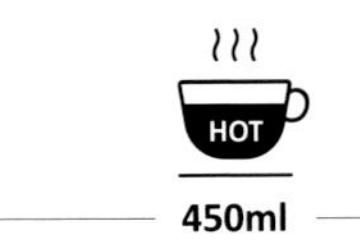

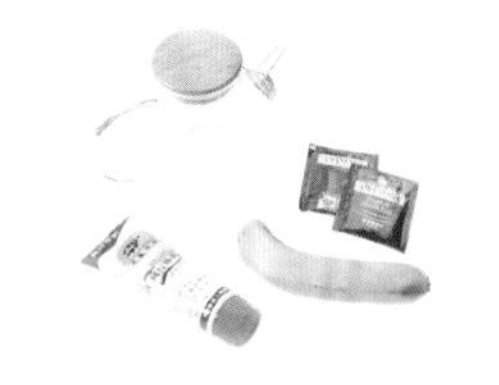

材 料

川宁红茶包	2包
香蕉	1根
开水	400ml
炼奶	20g
海盐	1g

装 饰

香蕉片	适量

制 作

1. 香蕉剥皮后打成泥备用。
2. 将川宁红茶包与香蕉泥加400ml开水浸泡3分钟至出味。
3. 热饮杯中加入炼奶、海盐调味，倒入隔渣后的香蕉红茶，最后放上香蕉片装饰即可。

Tips

1. 香蕉要选完全熟透的，因为熟透的香蕉更香甜。
2. 炼奶换成温热的鲜牛奶也是不错的选择。

香草水果波士热茶

清甜的南非波士茶汤与热带水果完美结合，
还有冷、热饮两种制作方法可以选择。

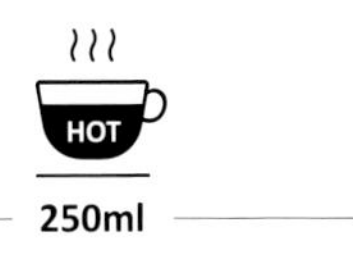

材 料

南非波士茶汤（热）	200ml
芒果百香果香草酱	50g

装 饰

薄荷叶	1株

制 作

薄荷叶放入热饮玻璃杯中，全部材料加入杯中搅匀即可。

Tips

1. 南非波士茶汤萃取方法：

   咖啡机萃取法：咖啡粉碗里放入一片圆形滤纸（摩卡壶专用），加入15g南非波士茶粉，扣上把手萃取出200ml茶汤。

   茶壶萃取法：干净的茶壶加入15g南非波士茶粉，加入200ml开水，浸泡1分钟后滤出茶汤。
2. 香草水果波士冰茶的做法：把200ml热的南非波士茶汤隔水降温后，注入已经放好薄荷叶和50g芒果百香果香草酱的杯子中，搅拌后加入6块冰块即可。
3. 芒果百香果香草酱做法可参考P60。

冰淇淋波士冰茶

这款饮品富含草莓、茶、奶昔的口感。

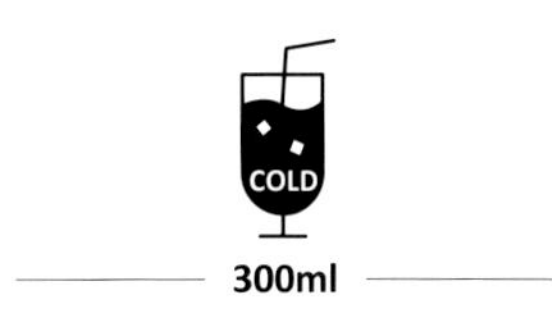

材料

南非波士茶汤	100ml
香草冰淇淋	1球
冰块	150g
莫林草莓糖浆	10ml

装饰

鲜草莓	1颗
鲜奶油	少许

制作

1. 全部材料加入雪克壶中，摇匀后装杯。
2. 放上少许鲜奶油和切开的鲜草莓装饰即可。

Tips

南非波士茶汤的萃取方法可参考P152。

仕女伯爵热茶

热的仕女伯爵茶将糖渍橙片的甜香发挥得淋漓尽致。

材 料

川宁仕女伯爵茶汤	400ml
糖渍橙片	3片
罗勒叶（可选）	适量

制 作

1. 热饮玻璃杯中加糖渍橙片、罗勒叶调味。

2. 倒入川宁仕女伯爵茶汤即可。

Tips

1. 川宁仕女伯爵茶汤的做法：将1包川宁仕女伯爵茶包加450ml开水浸泡3分钟至出味，取400ml茶汤备用。
2. 糖渍橙片的做法可参考P58。

薄荷波士冰茶

南非波士茶的清甜与牛奶的香醇相得益彰，
加上薄荷的清凉口感，是一款温润中带点俏皮味道的饮品。

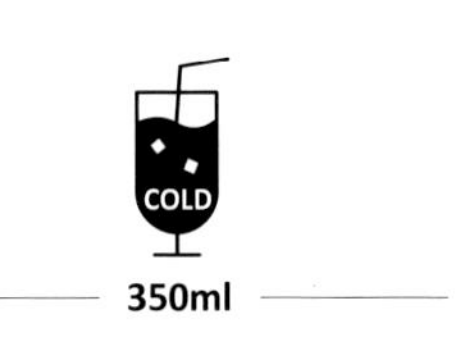

材 料

茶部分：

南非波士茶汤	100ml
自制原味糖浆	30ml
冰块	150g

薄荷鲜牛奶部分：

鲜牛奶	100ml
冰块	4块
薄荷叶	4片

（可根据喜好添加）

装 饰

薄荷叶	1株

制 作

1. 玻璃杯中加入南非波士茶汤、自制原味糖浆、冰块搅匀。
2. 将鲜牛奶、冰块、薄荷叶加入搅拌机中，低速打匀起泡后倒入做法1的杯中，形成分层效果。
3. 最后放上薄荷叶装饰即可。

Tips

南非波士茶汤的萃取方法可参考P152。

桂花铁观音冰茶

这是一款酸甜口感平衡的茶饮。

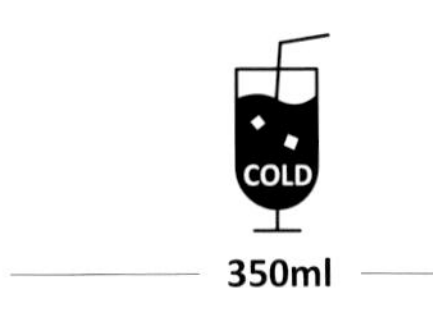

材料

铁观音茶汤	150ml
桂花蜜	20ml
自制原味糖浆	10ml
小柑橘（切开）	2颗
冰块	半杯

装饰

干桂花	适量

制作

1. 全部材料加入雪克壶中摇匀后装杯。
2. 放上干桂花装饰即可。

Tips

1. 铁观音茶汤的做法：15g铁观音加100ml开水清洗一遍，加200ml 90℃热水浸泡3分钟后滤出150ml茶汤（茶叶会吸水），隔冰水速冻降温。
2. 小柑橘可以一起“雪克”，也可以在饮品“雪克”完成后再加入调味，前者酸香更浓，后者酸味更清新。

红糖薄荷冰茶

清甜的自制红糖薄荷糖浆与青柠味的气泡水搭配，口感清新。

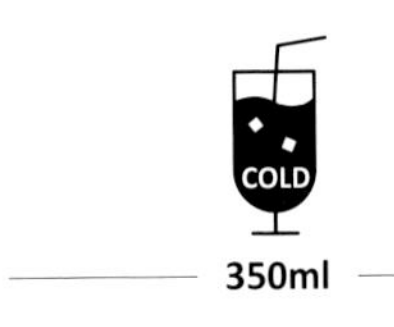

350ml

材 料

红糖薄荷糖浆	30ml
青柠	1个
碎冰	1杯
气泡水	适量（倒至满杯）

装 饰

薄荷叶	1株

制 作

1. 青柠切块后放入玻璃杯中，加入红糖薄荷糖浆，用调酒压棒压出果汁和糖浆混合，再加满杯碎冰，将气泡水加至满杯。
2. 放上薄荷叶装饰即可。

Tips

1. 红糖薄荷糖浆的做法可参考P55。
2. 喝时请搅拌均匀，味道更好。

李子波士冰茶

选用比较硬的、还不太成熟的李子来糖渍，可带来爽口的酸味。
用雪克壶摇匀做成的冰茶，酸酸甜甜，还有很重的李子味。

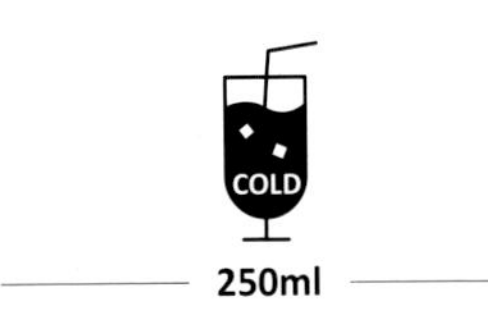

250ml

材 料

南非波士茶汤	100ml
糖渍三华李	2颗
冰块	半杯

装 饰

李子片	1片

制 作

1. 全部材料加入雪克壶中，摇匀后装杯。

2. 杯口装饰李子片即可。

Tips

1. 南非波士茶汤的萃取方法可参考P152。
2. 糖渍三华李的做法可参考P58。

洛神花芒果冰茶

洛神花，除了带给我们赏心悦目的靓丽紫红色，
还有丰富的酸味，可以和很多香甜的水果搭配，带来不同的滋味。

400ml

材 料

洛神花茶汤	100ml
糖渍芒果果肉	50g
鲜榨青柠汁	10ml
自制原味糖浆	15ml
冰块	100g
气泡水	适量（倒至满杯）

装 饰

薄荷叶	1株

制 作

1. 除气泡水外，全部材料加入雪克壶摇匀后装杯，然后加满气泡水。

2. 用薄荷叶装饰即可。

Tips

1. 洛神花茶汤的做法：洛神花加冷水浸泡4小时备用。冷泡洛神花，酸味更温和。
2. 芒果和砂糖混合后，于常温放置1小时，芒果的香气会更浓郁。隔夜香气更突出，可提前准备好。

07

LIQUI

液态甜点

DESSE

RT

酸奶茶冻

有着Q弹口感的茶冻配上酸奶，每一口都是满足。

250g

材 料

南非波士茶冻	150g
酸奶	适量

装 饰

水果	适量

制 作

1. 杯中放入南非波士茶冻，加入酸奶。
2. 放上水果装饰即可。

Tips

1. 南非波士茶冻做法：10g白凉粉加入300ml南非波士热茶中溶解，倒入喜欢的模具，冷却后放冰箱冷藏备用。（2人份）
2. 南非波士茶汤本身有淡淡的甜味，在制作茶冻时可以不用加糖，吃的时候根据自己的喜好可以搭配冰淇淋、酸奶调味。
3. 可以用勺子吃，也可以用大吸管吸，会有不同的体验。
4. 南非波士茶汤的萃取方法可参考P152。

芒果奶酪蛋糕

下面为你提供简单易上手的芒果奶酪蛋糕饮品做法。

250g

材 料

芒果果肉	100g
马斯卡邦奶油奶酪	20g
希腊酸奶	100ml
冰块	4块

装 饰

芒果片	2片
食用鲜花	1朵

制 作

1. 全部食材加入搅拌机低速打成液态状后装杯。
2. 放上芒果片和食用鲜花装饰即可。

Tips

芒果有很多品种，可以根据自己的需要来选择，这里选用的是香气比较浓郁的鹰嘴芒。

万圣节南瓜热拿铁

节日饮品除了用相应的食材，
还可以通过造型装饰来烘托节日的气氛。

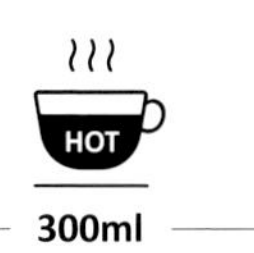

300ml

材料

安德鲁南瓜蓉	50g
鲜牛奶	200ml
Espresso	30ml
自制姜蓉	5g
自制原味糖浆	10ml

装饰

奥利奥饼干（去掉奶油）	1片
鲜奶油	适量
好时巧克力	1颗

制作

1. 全部材料加入奶缸内，用蒸汽加热到60℃后装入热饮玻璃杯中。
2. 挤上鲜奶油，放上用奥利奥饼干与好时巧克力制作而成的万圣节帽子造型装饰即可。

蜜桃茉莉花奶昔

水蜜桃的清香与茉莉花茶的茶香，加入香草冰淇淋的芳香，
三者的风味完全融合在一起。

300ml

材 料

莫林蜜桃糖浆	20ml
水蜜桃果肉	100g
茉莉花茶汤	100ml
香草冰淇淋	1球
冰块	4块

装 饰

食用鲜花	适量

制 作

1. 全部材料加入搅拌机低速打匀后装杯。
2. 放上可食用鲜花装饰即可。

酷米脆酸奶焦糖布丁

只有用去乳清的希腊酸奶，才能托起表面的白砂糖，并烤出糖脆片。
就像吃鸡蛋布丁一样来享用吧！

250ml

材 料

酷米脆	适量
水果粒	适量
希腊酸奶	适量
白砂糖	适量

制 作

1. 玻璃杯底部先放一层酷米脆、水果粒，然后铺一层希腊酸奶。
2. 再按照做法1的顺序铺一层。
3. 最后撒上一层厚厚的白砂糖，用甜点火枪烧至焦糖色即可。

Tips

可以根据自己的喜好选择杯子和材料分量。

提拉米苏

提拉米苏是意大利甜点的代表。

250ml

材 料

马斯卡邦奶油奶酪	20g
香草冰淇淋	2球
鲜牛奶	100ml
Espresso	30ml
冰块	4块

装 饰

奥利奥饼干粉	适量
手指饼	半根

制 作

1. 全部材料加入搅拌机，低速打成液态状后装杯。
2. 筛上一层奥利奥饼干粉，放入手指饼装饰即可。

Tips

表面撒的甜味奥利奥饼干粉可以用不甜的巧克力粉代替。

开心果奶油蛋糕

开心果香脆可口、风味独特。
因为含有叶绿素，所以果酱的颜色是天然的绿色，不用担心色素问题。

250ml

材 料

开心果果酱	30g
莫林香草糖浆	15ml
鲜牛奶	150ml
冰块	4块

装 饰

鲜奶油	适量
开心果果碎	适量

制 作

1. 全部材料加入搅拌机，低速打成液态状后装杯。
2. 挤上鲜奶油，撒上适量开心果果碎装饰即可。

粉红酸奶慕斯

在搅打的过程中，乳酸菌中的蛋白质与空气接触，
可以打出非常丰富的泡沫，为饮品制造出慕斯的口感。

300ml

材 料

莫林红柚糖浆	20ml
莫林桃花糖浆	10ml
卡乐多乳酸菌饮料	20ml
纯净水	200ml
冰块	4块

装 饰

糯米纸蝴蝶	1份

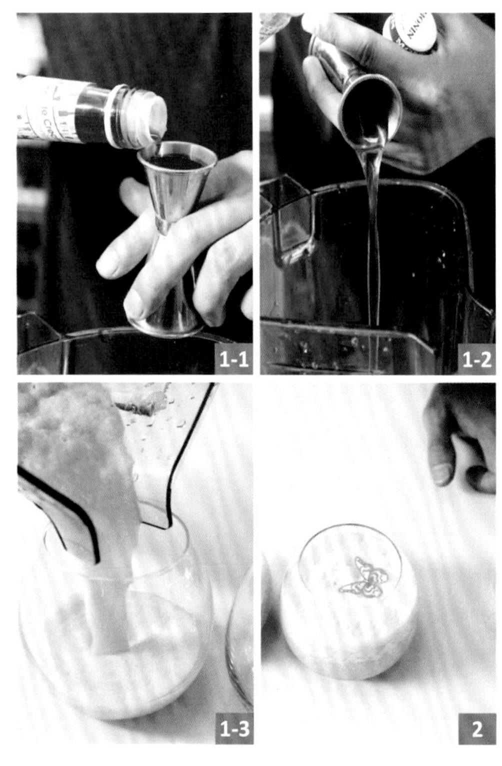

制 作

1. 全部材料加入搅拌机，低速打成泡沫饮品后装杯。
2. 在泡沫上放上糯米纸蝴蝶装饰即可。

草莓酱奶昔

入口酸酸甜甜，还充满了果香，
草莓酱冰块慢慢溶解增加风味，白色与粉色融合的过程也非常具有观赏性。

250ml

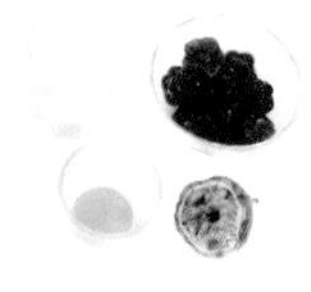

材 料

安德鲁草莓酱冰块	50g
益力多乳酸菌饮料	100ml
百香果果汁	10ml
冰块	100g

制 作

1. 香槟杯中加入冰块、百香果果汁、益力多乳酸菌饮料搅匀。
2. 将安德鲁草莓酱冰块用碎冰机制成碎冰后铺在做法1的饮品上即可。

Tips

1. 安德鲁草莓酱冰块的做法：草莓酱加水以1：1比例调匀，放入冰箱冻成冰块备用。
2. 建议用高脚的香槟杯，更显精致。
3. 因安德鲁草莓酱冰块量少，可以放在保鲜袋中，用稍硬的物体敲碎。

抹茶冻

喝的时候配大吸管，
清新的绿茶与爽口的果冻仿佛在口中跳舞。

350ml

材料

宇治小绿抹茶粉	1g
纯净水	50ml
自制原味糖浆	20ml
碎冰	100g
气泡水	适量
自制透明果冻	适量
安德鲁红豆西米酱	30g

制作

1. 雪克壶里加入宇治小绿抹茶粉、纯净水、自制原味糖浆摇匀至起泡融合。
2. 玻璃杯中加入碎冰，倒入做法1的抹茶汤汁，加适量气泡水轻轻搅匀。
3. 加入自制透明果冻、安德鲁红豆西米酱即可。

Tips

透明果冻做法：300ml开水加10g白凉粉，搅匀溶解，冷却后放入冰箱冷藏备用。

布朗尼蛋糕

布朗尼蛋糕的质地介于蛋糕与饼干之间。
加入燕麦粉，制造出饮品版蛋糕的松软口感。
核桃布朗尼糖浆与牛奶搭配，带出乳脂软糖的甜味。

350ml

材 料

莫林核桃布朗尼糖浆	20ml
燕麦粉	30g
鲜牛奶	100ml
冰块	4块

装 饰

巧克力浆	适量
巧克力酷脆	适量
薄荷叶	适量

制 作

1. 用冰的巧克力浆装饰玻璃杯杯壁。
2. 全部材料加入搅拌机，低速打匀后装入做法1的杯中。
3. 放上巧克力酷脆、薄荷叶装饰即可。

黑森林蛋糕

黑森林樱桃奶油蛋糕是德国著名甜点，融合了樱桃的酸、奶油的甜、樱桃酒的醇香。改良后的饮品少了樱桃酒的醇厚，是一款口感顺滑、口味酸甜的巧克力饮品。

250ml

材 料

安德鲁樱桃果粒酱	30g
鲜牛奶	150ml
巧克力冰淇淋	1球
冰块	4块

装 饰

鲜奶油	适量
巧克力卷	适量

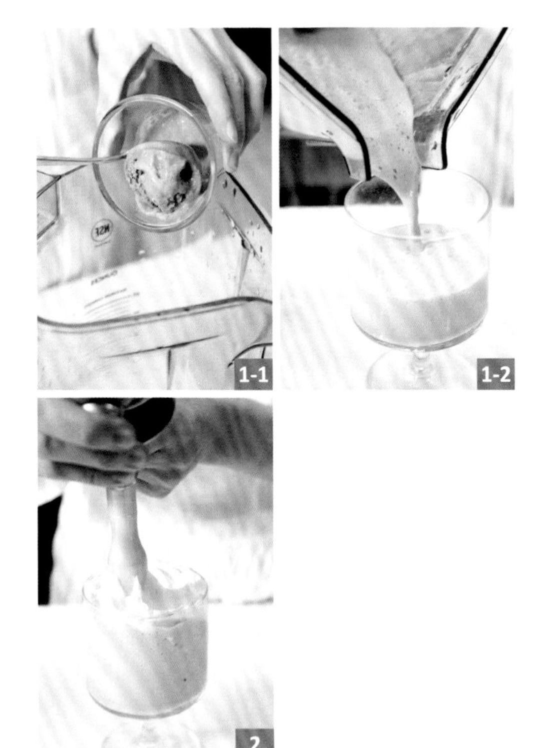

制 作

1. 全部材料加入搅拌机，低速打匀后装杯。
2. 挤上鲜奶油，放上巧克力卷装饰即可。

Tips

巧克力卷的做法：用室温保存的巧克力块很容易刮出漂亮的大卷；如果是用冰箱保存的巧克力块，可以先放室温回温一下再用。

08

SMO

思慕雪系列

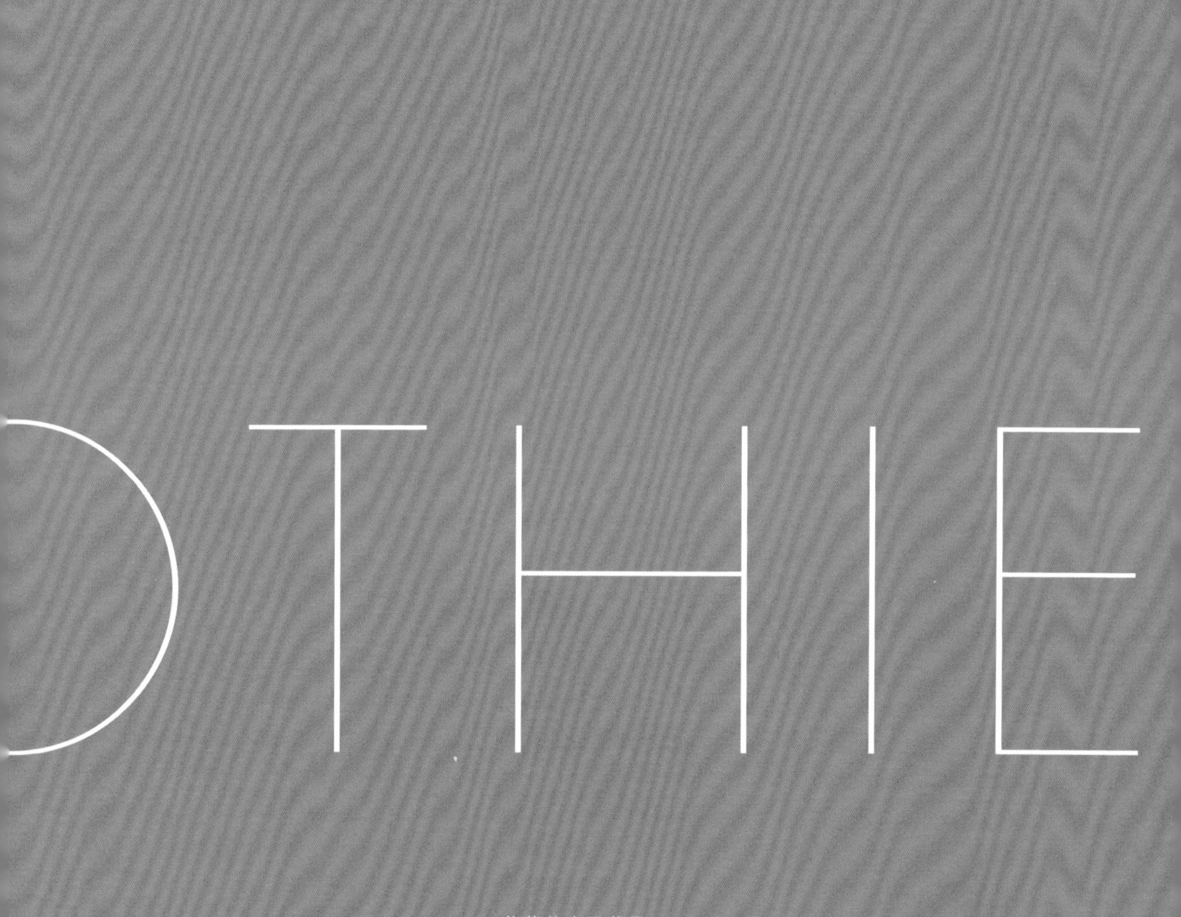

葡萄燕麦思慕雪

青苹果青瓜思慕雪

南瓜橙子思慕雪

牛油果菠菜思慕雪

哈密瓜生菜思慕雪

莓果思慕雪

综合水果思慕雪

菠萝番薯思慕雪

椰子思慕雪

苹果姜汁柠檬思慕雪

葡萄燕麦思慕雪

葡萄略烤后，会有如此美味，
更甜更多汁，带一点焦香。这款思慕雪里就无需再加糖。

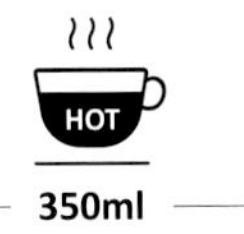

350ml

材 料

烤葡萄果干	100g
燕麦粉	20g
热牛奶（60℃）	200ml

装 饰

食用鲜花	适量

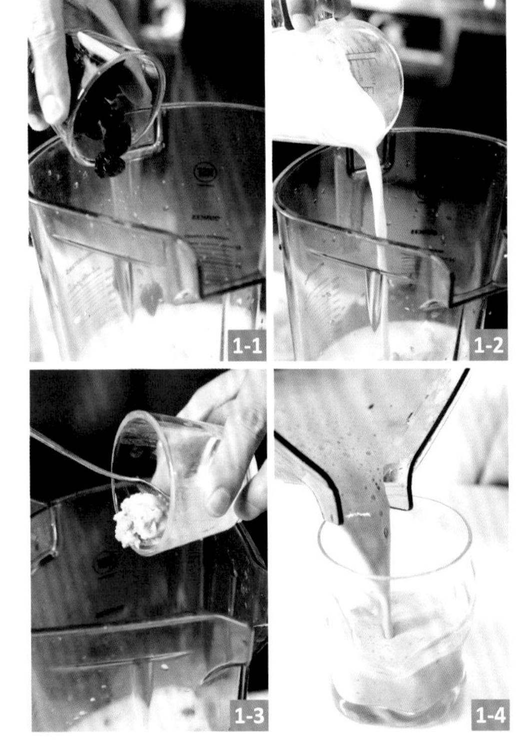

制 作

1. 全部材料加入搅拌机中，低速搅打成顺滑饮品后装杯。
2. 用食用鲜花装饰即可。

Tips

1. 烤葡萄果干的做法：葡萄洗干净后沥干水分，预热烤箱至120℃，放入葡萄烤1小时。
2. 如果觉得烤葡萄果干麻烦，可以用葡萄干代替烤葡萄果干，不一样的香甜口感，葡萄干量减至20g，热牛奶增加到300ml左右。
3. 热饮在使用搅拌机搅打混合时注意不要把盖子密封，以防在搅打的过程中产生热量形成压力，把搅拌杯中的液体推出来。全程请使用最低速来搅打混合。

青苹果青瓜思慕雪

这杯绿色的思慕雪最适合夏季的午后享用，可以唤醒昏昏欲睡的你。
无花果、青苹果、青瓜，再加入柠檬汁，清新十足。

350ml

材 料

青苹果	1个
安德鲁速冻无花果	3颗
青瓜（新鲜）	100g
柠檬（榨汁）	半个
姜蓉	5g
龙舌兰糖浆	10ml

装 饰

青瓜片	1片
柠檬片	1片

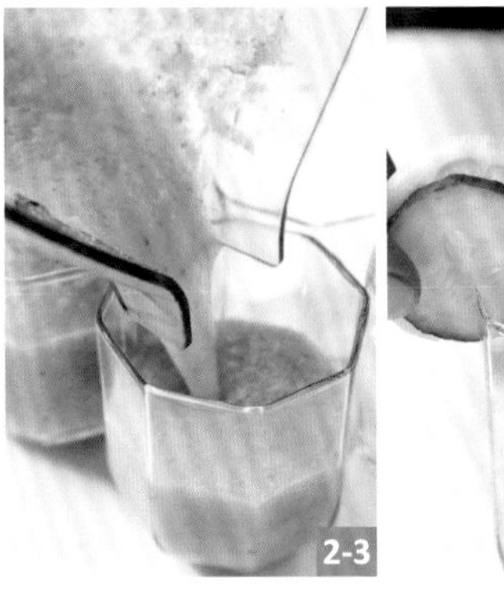

制 作

1. 青苹果去核，果肉切块；柠檬榨汁，取20ml备用；青瓜切块备用。
2. 全部材料加入搅拌机，搅打成顺滑饮品后装杯。
3. 杯口插上青瓜片、柠檬片装饰即可。

南瓜橙子思慕雪

南瓜含有丰富的胡萝卜素、维生素E、维生素C等成分，可以健胃消食。
胡萝卜素给饮品带来了一抹阳光的橙色。
添加的橙皮蓉有着独特的清新香气，令饮品富有层次感。

400ml

材 料

纯净水	200ml
蒸熟的南瓜块	100g
橙子果肉	1个
橙皮蓉	10g
熟腰果	10g
龙舌兰糖浆	10ml

装 饰

橙皮卷	1条

1-1

1-2

2

制 作

1. 全部材料放入搅拌机，搅打成顺滑状装杯。
2. 杯口放上橙皮卷装饰即可。

Tips

用刮皮刀刮出一长条橙皮，卷起来备用。

牛油果菠菜思慕雪

想要一上午都活力满满？来一杯牛油果菠菜思慕雪吧！
菠菜、牛油果、青柠汁，再加入香甜椰子水，口感顺滑，营养俱全！

300ml

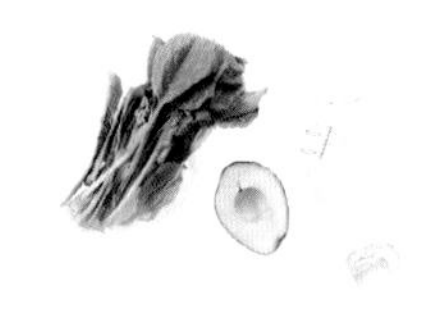

材 料

冰块	6块
牛油果	40g
嫩菠菜	20g
椰子水	200ml
青柠汁（鲜榨）	5ml
蜂蜜	10ml

装 饰

食用鲜花	适量

制 作

1. 清洗干净的嫩菠菜在开水中焯10秒（去草酸），捞出沥干水备用。
2. 全部材料加入搅拌机中，搅打成顺滑饮品后装杯。
3. 用食用鲜花装饰即可。

哈密瓜生菜思慕雪

这款思慕雪用芦笋、哈密瓜、生菜调制而成，
是炎炎夏日最合适不过的饮品选择，清爽补水，还有浓浓的哈密瓜味。

300ml

材 料

冰块	6块
生菜	2片（约10g）
嫩芦笋	100g
哈密瓜果肉	150g
奇亚籽	5g
龙舌兰糖浆	10ml

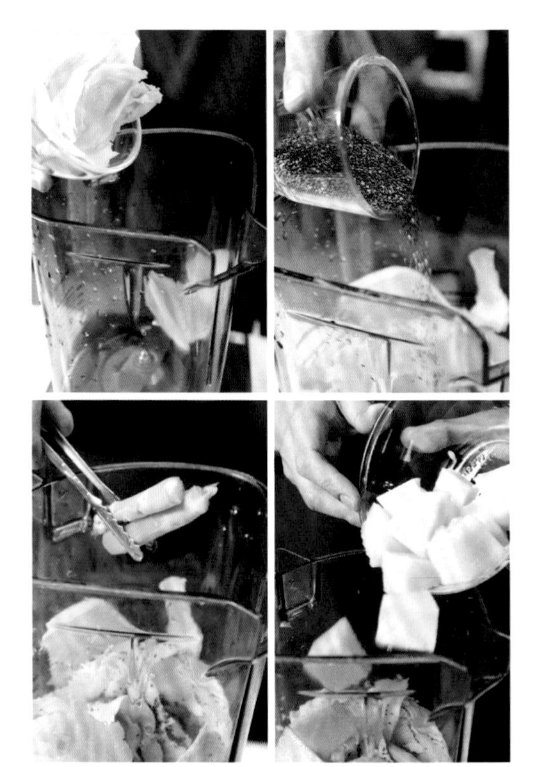

制 作

全部食材处理成小块后加入搅拌机中，搅打成顺滑饮品后装杯即可。

Tips

奇亚籽，是芡欧鼠尾草的种子，作为营养食品，在欧美特别流行，适合加在各种饮料中。

莓果思慕雪

“莓果+酸奶+坚果”的组合，有奶昔的口感，
除了营养丰富，颜色也是美美的，很养眼。

300ml

材 料

希腊酸奶	100ml
安德鲁速冻莓果粒	50g
熟腰果	50g
冰块	6块

装 饰

希腊酸奶	50ml
莓果	适量

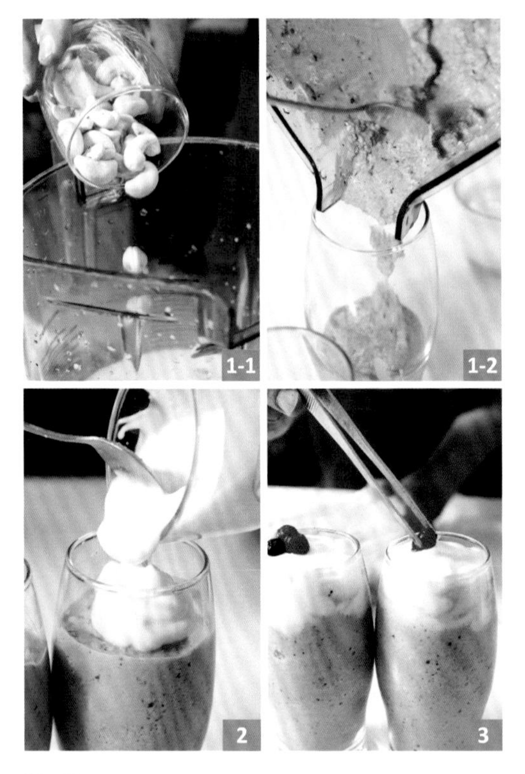

制 作

1. 全部材料加入搅拌机中，搅打成顺滑饮品后装杯8分满。
2. 放上装饰部分的希腊酸奶，做成紫白分层。
3. 放上几颗莓果装饰即可。

Tips

喝的时候可以搅匀，也可以不搅，会有不同的口感层次。

综合水果思慕雪

这款充满酶的水果组合，能让体内细胞活化，
提高脂肪的分解速度。

400ml

材 料

纯净水	100ml
冰块	4块
猕猴桃果肉	1个
菠萝果肉	100g
香蕉（成熟的）	150g

装 饰

香蕉	适量
食用鲜花	适量

制 作

1. 装饰部分的香蕉去皮切薄片，用花形曲奇模压出花边，贴在玻璃杯壁作装饰备用。
2. 全部材料加入搅拌机中，搅打成顺滑饮品后装杯。
3. 放上食用鲜花装饰即可。

菠萝番薯思慕雪

菠萝加热后，果香更加浓郁，
加上番薯的软、甜和罗勒叶的清香，非常适合冬天饮用。

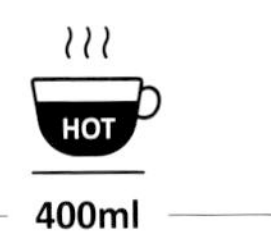

400ml

材 料

菠萝果肉	150g
蒸熟的番薯	50g
罗勒叶	2片
热水（60℃）	150ml

装 饰

菠萝叶	2片

制 作

1. 将菠萝果肉切成薄片，预热烤箱至120℃，放入菠萝片烤1小时。
2. 全部材料加入搅拌机中，低速搅打成顺滑饮品后装杯。
3. 放入菠萝叶装饰即可。

Tips

1. 在使用搅拌机搅打混合热饮时，注意不要把盖子密封，以防在搅打的过程中产生的热量形成压力，把搅拌杯中的液体推出来。全程请使用最低速来搅打混合。
2. 可以用菠萝干代替烤菠萝片，量减至20g，液体增加到250ml左右。

la vie
jour

椰子思慕雪

芒果果肉、椰子果蓉、椰丝带来丝丝热带气息。

350ml

材 料

纯净水	100ml
芒果果肉	100g
安德鲁椰子果蓉	100g
去核椰枣	4颗
冰块	6块
薄荷叶（根据自己的喜好添加）	4片

装 饰

猕猴桃薄片	适量
草莓片	适量
椰肉	适量

制 作

1. 在鸡尾酒杯杯壁贴上猕猴桃薄片装饰。
2. 全部材料放入搅拌机，搅打成顺滑状后装杯。
3. 刮取椰丝，与草莓片一起装饰即可。

苹果姜汁柠檬思慕雪

烤苹果别有甜蜜的风味，
加上一丝生姜的辛辣，口味香甜又可以暖身。

300ml

材 料

红苹果	150g
姜蓉	5g
鲜榨黄柠檬汁	10ml
蜂蜜	10ml
60℃热水	100ml

装 饰

草莓片	适量

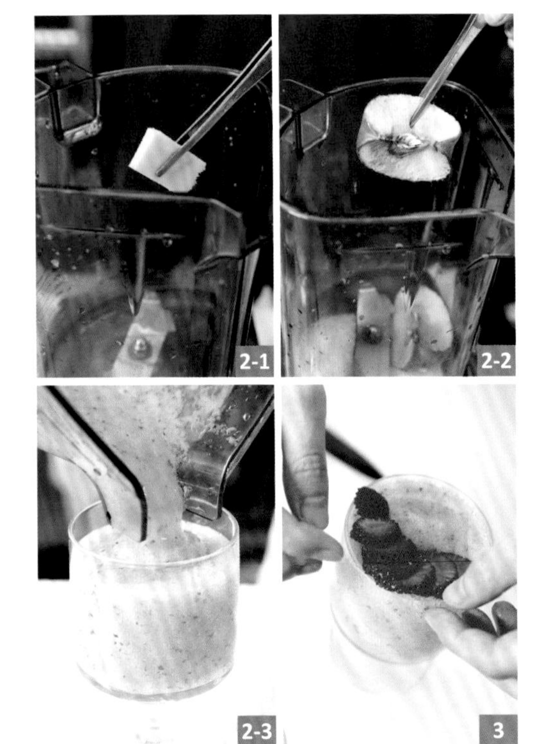

制 作

1. 预热烤箱至120℃，放入红苹果烤1小时。
2. 全部材料加入搅拌机中，搅打成顺滑状饮品后装杯。
3. 放上草莓片装饰即可。

Tips

可以用苹果干代替烤苹果，量减至20g，液体增加到200ml左右。

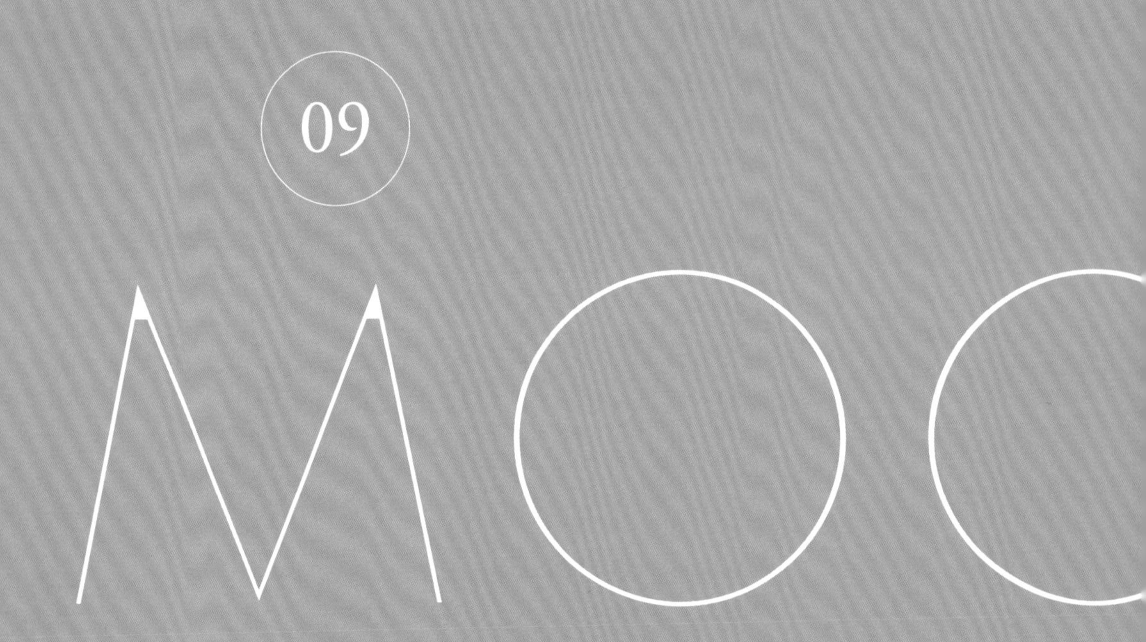

无酒精鸡尾酒

绿野仙踪

波士香料托地

椰子青瓜莫西多

血腥玛丽

提基

猕猴桃乌龙茶宾治

玛格丽特

热带水果宾治

四款家庭特调

粉色冰湖

Mojito

夏日阳光

蓝色海洋

绿野仙踪

加入了青苹果泥的绿野仙踪，口感清爽，果汁味更浓郁。

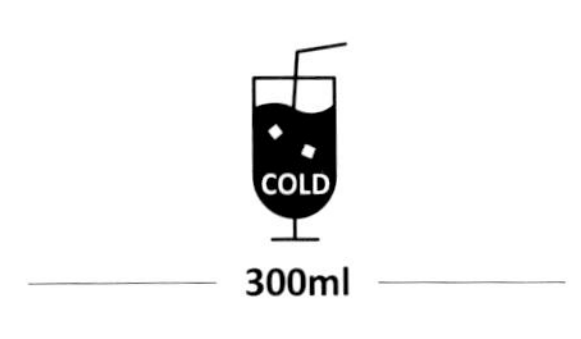

300ml

材 料

Mixer青苹果泥	30g
番石榴	1个
纯净水	100ml
青柠	半个
自制原味糖浆	20ml
冰块	150g

装 饰

青柠角	适量
罗勒叶	适量

制 作

1. 鲜榨番石榴汁：将番石榴去皮切块，加入纯净水，用搅拌机低速搅打成果汁，隔渣滤出100ml果汁备用。
2. 将青柠切成块，放入雪克壶中，用压棒压出青柠汁。
3. 然后再往雪克壶依次加入鲜榨番石榴汁、青苹果泥、自制原味糖浆和冰块，摇匀后装杯。
4. 杯口放上青柠角、罗勒叶装饰即可。

波士香料托地

以威士忌为基底的托地热饮鸡尾酒，最适合寒冷季节饮用。
改良版的无酒精饮品是用热茶加姜糖作为基础，可根据个人喜好加入肉桂等香料。

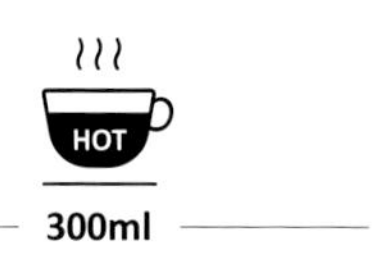

300ml

材 料

南非波士茶汤	200ml
自制姜糖糖浆	30ml
柠檬片	3片
生姜片	1片
肉桂条	1条

制 作

1. 热饮玻璃杯中加入南非波士茶汤、自制姜糖糖浆搅匀。
2. 放入肉桂条、柠檬片、生姜片调味装饰即可。

Tips

1. 南非波士茶汤的萃取方法可参考P152。
2. 自制姜糖糖浆可参考P55。

椰子青瓜莫西多

它以全新面貌出现，原料包括挤过的青柠、碎冰和切碎的薄荷，
这个新的改良版本从美国开始席卷全球。
尝试加入青柠汁以外的水果汁，莫西多仍然在朝口味清新的方向进一步演变。

400ml

材 料

莫林青瓜糖浆	30ml
鲜榨青柠汁	20ml
新鲜椰子水	100ml
薄荷叶	4片
碎冰	适量

装 饰

长条青瓜薄片	1片
薄荷叶	1株

制 作

1. 将长条青瓜薄片贴在玻璃杯杯壁作装饰，杯中加满碎冰备用。
2. 将剩余材料加入搅拌机，搅打5秒混合成果汁，隔渣倒入做法1的玻璃杯中。
3. 放上薄荷叶装饰即可。

血腥玛丽

血腥玛丽，因鲜红的番茄汁看起来很像鲜血，故以此命名。
这种鸡尾酒非常流行，称为“喝不醉的番茄汁”。
这款不含酒精的血腥玛丽更像是一杯健康饮料。

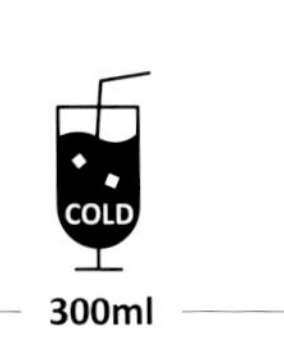

300ml

材料

鲜榨番茄汁	100ml
莫林酸甜糖浆	20ml
柠檬汁	10ml
辣椒汁	3滴
海盐	少许
冰块	100g

装饰

红色、黄色圣女果	适量
青柠角	适量
罗勒叶	适量

制作

1. 全部食材加入玻璃杯混合。
2. 放上装饰即可。

Tips

将200g番茄加100ml纯净水打成番茄汁，隔渣滤出汁，取100ml备用。

提基

提基是一款源自夏威夷的热带鸡尾酒。
使用菠萝汁、鲜椰奶与朗姆酒调制，口感香甜、润滑。
下面这款无酒精的提基口感清爽、甜美。

400ml

材 料

Mixer椰子果泥	40g
鲜榨菠萝汁	50ml
自制鲜椰奶	100ml
冰块	200g

装 饰

菠萝果干	1片

制 作

1. 全部材料加入搅拌机打成冰沙后装杯。
2. 放上菠萝果干装饰即可。

Tips

自制鲜椰奶可参考P65。

猕猴桃乌龙茶宾治

宾治是夏日里极其流行的一款时尚饮品，
由多种果汁及其他饮料混合而成。加入乌龙冰茶后更具东方风情。

300ml

材 料

Mixer猕猴桃果泥	40g
鲜榨青柠汁	10ml
乌龙茶汤	100ml
碎冰	1杯
气泡水	适量（倒至满杯）

装 饰

猕猴桃片	适量
薄荷叶	1株

制 作

1. 除气泡水外，其他全部材料加入玻璃杯中搅匀。
2. 杯壁放入猕猴桃片装饰，加气泡水至满杯。
3. 放上薄荷叶装饰即可。

Tips

冲泡乌龙茶：将1个乌龙茶包用150ml开水浸泡3分钟至出味，取出茶包，茶汤隔冰水降温备用。

玛格丽特

玛格丽特由约翰·迪莱莎设计调制，为了纪念他不幸去世的恋人玛格丽特而取此名。柠檬汁的酸味代表心中的酸楚，用盐霜喻义怀念的泪水。
改良的饮品用仙人掌果泥代替了龙舌兰酒。其中的番石榴果汁带来更多果香。

350ml

材 料

Mixer仙人掌果泥	30g
番石榴汁	100ml
柠檬汁	10ml
冰块	100g

装 饰

盐	适量
青柠片	1片
食用鲜花	适量

制 作

1. 盐边装饰方法：在碟子上撒上适量的盐，玻璃杯口先用青柠片抹上一圈柠檬汁，倒扣杯子蘸上适量盐备用。
2. 全部材料加入雪克壶中摇匀，倒入提前做好的风味盐边的杯中。
3. 用食用鲜花装饰即可。

Tips

番石榴汁的做法：将1个番石榴去皮切块，加入100ml纯净水，用搅拌机低速搅打成果汁，隔渣滤出100ml果汁备用。

热带水果宾治

宾治是夏日里极受欢迎的时尚饮品，
含有热带水果果泥，口感丰富。

600ml

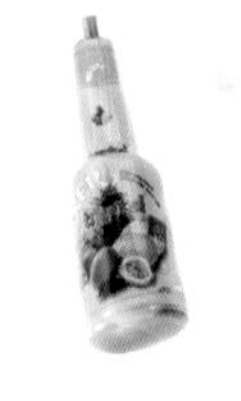

材 料

Mixer热带水果果泥	100g
自制原味糖浆	50ml
冰块	1壶
气泡水	适量（倒至九分满）

装 饰 与 调 味

橙子（切片）	半个
柠檬（切片）	半个
菠萝果肉（切粒）	适量
百香果（取果粒）	半个
冰块	适量
罗勒叶	适量

制 作

1. 全部材料加入玻璃壶中用吧匙搅匀，放入装饰与调味部分的橙片、柠檬片，气泡水加至九分满，然后加入菠萝果肉粒和百香果果粒。

2. 搭配几个小杯，杯中放入冰块、罗勒叶与橙片装饰即可。

四款家庭特调

粉色冰湖

粉嫩的颜色非常漂亮，十分养眼。

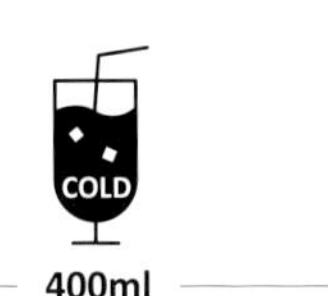

材 料

冰块	半杯
莫林石榴糖浆	10ml
干姜水	适量

制 作

1. 玻璃杯里加入冰块。
2. 加入莫林石榴糖浆。
3. 加干姜水至满杯即可。

Mojito

纯净清凉感。

材 料

薄荷叶	6片
冰块	半杯
青柠汁	30ml
雪碧	适量

装 饰

薄荷叶	适量

制 作

1. 将材料中的薄荷叶加入玻璃杯中压碎。
2. 冰块加至半杯。
3. 加入青柠汁。
4. 雪碧加至满杯。
5. 用薄荷叶装饰即可。

夏日阳光

这款饮品有着冰爽欢乐的好味道。

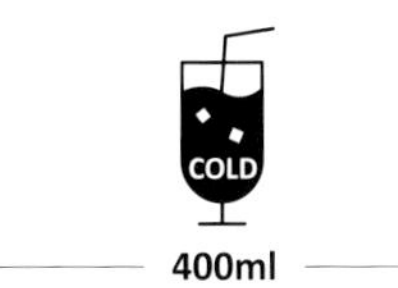

400ml

材 料

冰块	150g
菠萝汁	20ml
橙汁	20ml
柠檬汁	20ml

装 饰

青柠片	1片

制 作

1. 雪克壶里加冰块、菠萝汁、橙汁、柠檬汁摇匀后装杯。
2. 用青柠片装饰即可。

蓝色海洋

让人心情愉悦的蓝色，
喝起来更是清爽可口。

400ml

材 料

莫林蓝柑糖浆	15ml
柚子蜜	30g
冰块	150g
气泡水	适量

装 饰

柠檬片	1片

制 作

1. 雪克壶里加入莫林蓝柑糖浆、柚子蜜、冰块摇晃后装杯，加满气泡水。
2. 用柠檬片装饰即可。

后记

两年前，当咖啡沙龙林健良先生向我提出想做一本特饮配方书籍时，作为既是合作伙伴又是好友的我马上表示全力支持，虽然我知道那并不容易，但这本书确实有存在的意义。

克丽玛咖啡培训机构从2005年开始从事咖啡教育和开店管理咨询，收到不少以下反馈。有参与培训的学员说：“除了咖啡，能不能再教点别的？”也有咖啡馆经营者过来咨询：“店里生意不好，有些客人不想喝咖啡又不想喝酒，怎么办？总不能给人一杯可乐收20元吧？”特别是小型的独立咖啡馆，他们的产品相对单一，并不能完全满足客人的需求。前些年有人在咖啡馆加入奶茶，后来又有人开始学做水果茶，但这些类别在快饮店已经相当火爆，在咖啡馆里还是没有竞争力也卖不出价钱。

随后克丽玛组织培训师团队开始策划这本特饮书籍，先明确定位，并筛选部分优质的物料品牌产品，交由饮品研发师小云（易秀云）老师开始研发配方。这个过程前后有一年时间，食材的运用和口味细节的调整，需要倾注大量的时间和精力。感谢林健良先生提出好的想法，把这些配方整合成书，最后的成果相信大家不会失望。

克丽玛咖啡培训机构

CREMA®
SINCE 2005
克丽玛咖啡培训

图书在版编目（CIP）数据

特尚饮：80款人气咖啡馆特饮 / 林健良编著. —
南京：江苏凤凰科学技术出版社，2018.6（2019.4重印）
ISBN 978-7-5537-9112-8

Ⅰ. ①特… Ⅱ. ①林… Ⅲ. ①咖啡－配制 Ⅳ.
①TS273

中国版本图书馆CIP数据核字（2018）第062443号

特尚饮——80 款人气咖啡馆特饮

编　　著　林健良
摄　　影　陈华琛
策　　划　克丽玛咖啡培训机构
责任编辑　陈　艺
责任监制　曹叶平　方　晨

出版发行　江苏凤凰科学技术出版社
出版社地址　南京市湖南路1号A楼，邮编：210009
出版社网址　http://www.pspress.cn
印　　刷　中华商务联合印刷（广东）有限公司

开　　本　718 mm×1000 mm　1/16
印　　张　15
字　　数　280 000
版　　次　2018年6月第1版
印　　次　2019年4月第4次印刷

标准书号　ISBN 978-7-5537-9112-8
定　　价　68.00元